오일러가 만든 그래프

27 오일러가 만든 그래프

초판 1쇄 발행일 | 2009년 7월 10일
초판 8쇄 발행일 | 2023년 10월 27일

지은이 | 김은영
펴낸이 | 정은영
펴낸곳 | (주)자음과모음

출판등록 | 2001년 11월 28일 제2001-000259호
주소 | 10881 경기도 파주시 회동길 325-20
전화 | 편집부 (02)324-2347, 경영지원부 (02)325-6047
팩스 | 편집부 (02)324-2348, 경영지원부 (02)2648-1311
e-mail | jamoteen@jamobook.com

ISBN 978-89-544-1667-2 (04410)

천재들이 만든

수학퍼즐

27 오일러가 만든 그래프

김은영(M&G 영재수학연구소) 지음

㈜자음과모음

추 천 사

수학에 대한 막연한 공포를 단번에 날려 버리는 획기적 수학 퍼즐 책!

추천사를 부탁받고 처음 원고를 펼쳤을 때, 저도 모르게 탄성을 질렀습니다. 언젠가 제가 한번 써 보고 싶던 내용이었기 때문입니다. 예전에 저에게도 출판사에서 비슷한 성격의 책을 써 볼 것을 권유한 적이 있었는데, 재미있겠다 싶었지만 시간이 없어서 거절해야만 했습니다.

생각해 보면 시간도 시간이지만 이렇게 많은 분량을 쓰는 것부터가 벅찬 일이었던 것 같습니다. 저는 한 권 정도의 분량이면 이와 같은 내용을 다룰 수 있을 거라 생각했는데, 이번 책의 원고를 읽어 보고 참 순진한 생각이었음을 알았습니다.

저는 지금까지 수학을 공부해 왔고, 또 앞으로도 계속 수학을 공부할 사람으로서, 수학이 대단히 재미있고 매력적인 학문이라 생각합니다만, 대부분의 사람들은 수학을 두려워하며 두 번 다시 보고 싶지 않은 과목으로 생각합니다. 수학이 분명 공부하기에 쉬운 과목은 아니지만, 다른 과목에 비해 '끔찍한 과목' 으로 취급받는 이유가 뭘까요? 제 생각으로는 '막연한 공포' 때문이 아닐까 싶습니다.

무슨 뜻인지 알 수 없는 이상한 기호들, 한 줄 한 줄 따라가기에도 벅찰 만큼 어지럽게 쏟아져 나오는 수식들, 그리고 다른 생각을 허용하지 않는 꽉 짜여진 '모범 답안' 이 수학을 공부하는 학생들을 옥죄는 요인일 것입니다.

알고 보면 수학의 각종 기호는 편의를 위한 것인데, 그 뜻을 모른 채 무작정 외우려다 보니 더욱 악순환에 빠지는 것 같습니다. 첫 단추만 잘 끼우면 수학은 결코 공포의 대상이 되지 않을 텐데 말입니다.

제 자신이 수학을 공부하고, 또 가르쳐 본 사람으로서, 이런 공포감을 줄이는 방법이 무엇일까 생각해 보곤 했습니다. 그 가운데 하나가 '친숙한 상황에서 제시되는, 호기심을 끄는 문제' 가 아닐까 싶습니다. 바로 '수학 퍼즐' 이라 불리는 분야입니다.

요즘은 수학 퍼즐과 관련된 책이 대단히 많이 나와 있지만, 제가 《재미있는 영재들의 수학퍼즐》을 쓸 때만 해도, 시중에 일반적인 '퍼즐 책' 은 많아도 '수학 퍼즐 책' 은 그리 많지 않았습니다. 또 '수학 퍼즐' 과 '난센스 퍼즐' 이 구별되지 않은 채 마구잡이로 뒤섞인 책들도 많았습니다.

그래서 제가 책을 쓸 때 목표로 했던 것은 비교적 수준 높은 퍼즐들을 많이 소개하고 정확한 풀이를 제시하자는 것이었습니다. 목표가 다소 높았다는 생각도 듭니다만, 생각보다 많은 분들이 찾아 주어 보통 사람들이 '수학 퍼즐' 을 어떻게 생각하는지 알 수 있는 좋은 기회가 되기도 했습니다.

문제와 풀이 위주의 수학 퍼즐 책이 큰 거부감 없이 '수학을 즐기는 방법' 을 보여 주었다면, 그 다음 단계는 수학 퍼즐을 이용하여 '수학을 공부하는 방법' 이 아닐까 싶습니다. 제가 써 보고 싶었던, 그리고 출판사에서 저에게 권유했던 것이 바로 이것이었습니다.

수학에 대한 두려움을 없애 주면서 수학의 기초 개념들을 퍼즐을 이용해 이해할 수 있다면, 이것이야말로 수학 공부의 첫 단추를 제대로 잘 끼웠다고 할 수 있지 않을까요? 게다가 수학 퍼즐을 풀면서 느끼는 흥미는, 이해도 못한 채 잘 짜인 모범 답안을 달달 외우는 것과는 전혀 다른 즐거움을 줍니다. 이런 식으로 수학에 대한 두려움을 없앤다면 당연히 더 높은 수준의 수학을 공부할 때도 큰 도움이 될 것입니다.

그러나 이런 이해가 단편적인 데에서 그친다면 그 한계 또한 명확해질 것입니다. 다행히 이 책은 단순한 개념 이해에 그치지 않고 교과 과정과 연계하여 학습할 수 있도록 구성되어 있습니다. 이 과정에서 퍼즐을 통해 배운 개념을 더 발전적으로 이해하고 적용할 수 있어 첫 단추만이 아니라 두 번째, 세 번째 단추까지 제대로 끼울 수 있도록 편집되었습니다. 이것이 바로 이 책이 지닌 큰 장점이자 세심한 배려입니다. 그러다 보니 수학 퍼즐이 아니라 약간은 무미건조한 '진짜 수학 문제' 도 없지는 않습니다. 그러나 수학을 공부하기 위해 반드시 거쳐야

하는 단계라고 생각하세요. 재미있는 퍼즐을 위한 중간 단계 정도로 생각하는 것도 괜찮을 것 같습니다.

수학을 두려워하지 말고, 이 책을 보면서 '교과서의 수학은 약간 재미없게 만든 수학 퍼즐' 일 뿐이라고 생각하세요. 하나의 문제를 풀기 위해 요모조모 생각해 보고, 번뜩 떠오르는 아이디어에 스스로 감탄도 해 보고, 정답을 맞히는 쾌감도 느끼다 보면 언젠가 무미건조하고 엄격해 보이는 수학 속에 숨어 있는 아름다움을 음미하게 될 것입니다.

고등과학원 연구원

박 부 성

추천사

영재교육원에서 실제 수업을 받는 듯한 놀이식 퍼즐 학습 교과서!

《천재들이 만든 수학퍼즐》은 '우리 아이도 영재 교육을 받을 수 없을까?' 하고 고민하는 학부모들의 답답한 마음을 시원하게 풀어 줄 수학 시리즈물입니다.

이제 강남뿐 아니라 우리 주변 어디에서든 대한민국 어머니들의 불타는 교육열을 강하게 느낄 수 있습니다. TV 드라마에서 강남의 교육을 소재로 한 드라마가 등장할 정도니 말입니다.

그러나 이러한 불타는 교육열을 충족시키는 것은 그리 쉬운 일이 아닙니다. 서점에 나가 보면 유사한 스타일의 문제를 담고 있는 도서와 문제집이 다양하게 출간되어 있지만 전문가들조차 어느 책이 우리 아이에게 도움이 될 만한 좋은 책인지 구별하기가 쉽지 않습니다. 이렇게 천편일률적인 책을 읽고 공부한 아이들은 결국 판에 박힌 듯 똑같은 것만을 익히게 됩니다.

많은 학부모들이 '최근 영재 교육 열풍이라는데……' '우리 아이도 영재 교육을 받을 수 없을까?' '혹시…… 우리 아이가 영재는 아닐까?' 라고 생각하면서도, '우리 아이도 가정 형편만 좋았더라면……' '우리 아이도 영재교육원에 들어갈 수만 있다면……' 이라고 아쉬움을 토로하는 것이 현실입니다.

현재 우리나라 실정에서 영재 교육은 극소수의 학생만이 받을 수 있는 특권적인 교육 과정이 되어 버렸습니다. 그래서 더더욱 영재 교육에 대한 열망은 높아집니다. 특권적 교육 과정이라고 표현했지만, 이는 부정적 표현이 아닙니다. 대단히 중요하고 훌륭한 교육 과정이지만, 많은 학생들에게 그 기회가 돌아가기 힘들다는 단점을 지적했을 뿐입니다.

이번에 이러한 학부모들의 열망을 실현시켜 줄 수학책 《천재들이 만든 수학퍼즐》 시리즈가 출간되어 장안의 화제가 되고 있습니다. 《천재들이 만든 수학퍼즐》은 영재 교육의 커리큘럼에서 다루는 주제를 가지고 수학의 원리와 개념을 친절하게 설명하고 있어 책을 읽는 동안 마치 영재교육원에서 실제로 수업을 받는 느낌을 가지게 될 것입니다.

단순한 문제 풀이가 아니라 하나의 개념을 여러 관점에서 풀 수 있는 사고력의 확장을 유도해서 다양한 사고방식과 창의력을 키워 주는 것이 이 시리즈의 장점입니다.

여기서 끝나지 않습니다. 《천재들이 만든 수학퍼즐》은 제목에서 나타나듯 천재들이 만든 완성도 높은 문제 108개를 함께 다루고 있습니다. 이 문제는 초급 · 중급 · 고급 각각 36문항씩 구성되어 있는데, 하나같이 본편에서 익힌 수학적인 개념을 자기 것으로 충분히 소화할 수 있도록 엄선한 수준 높고 다양한 문제들입니다.

수학이라는 학문은 아무리 이해하기 쉽게 설명해도 스스로 풀어 보지 않으면 자기 것으로 만들 수 없습니다. 상당수 학생들이 문제를 풀어 보는 단계에서 지루함을 못 이겨 수학을 쉽게 포기해 버리곤 합니다. 하지만 《천재들이 만든 수학퍼즐》은 기존 문제집과 달리 딱딱한 내용을 단순 반복하는 방식을 탈피하고, 빨리 다음 문제를 풀어 보고 싶게끔 흥미를 유발하여, 스스로 문제를 풀고 싶은 생각이 저절로 들게 합니다.

문제집이 퍼즐과 같은 형식으로 재미만 추구하다 보면 핵심 내용을 빠뜨리기 쉬운데 《천재들이 만든 수학퍼즐》은 흥미를 이끌면서도 가장 중요한 원리와 개념을 빠뜨리지 않고 전달하고 있습니다. 이것이 다른 수학 도서에서는 볼 수 없는 이 시리즈만의 미덕입니다.

초등학교 5학년에서 중학교 1학년까지의 학생이 머리는 좋은데 질 좋은 사교육을 받을 기회가 없어 재능을 계발하지 못한다고 생각한다면 바로 지금 이 책을 읽어 볼 것을 권합니다.

메가스터디 엠베스트 학습전략팀장

최남숙

머 리 말

핵심 주제를 완벽히 이해시키는 주제 학습형 교재!

영재 수학 교육을 받기 위해 선발된 학생들을 만나는 자리에서, 또는 영재 수학을 가르치는 선생님들과 공부하는 자리에서 제가 생각하고 있는 수학의 개념과 원리 그리고 수학 속에 담긴 철학에 대한 흥미로운 이야기를 소개하곤 합니다. 그럴 때면 대부분의 사람들은 반짝이는 눈빛으로 저에게 묻곤 합니다.

"아니, 우리가 단순히 암기해서 기계적으로 계산했던 수학 공식들 속에 그런 의미가 있었단 말이에요?"

위와 같은 질문은 그동안 수학 공부를 무의미하게 했거나, 수학 문제를 푸는 기술만을 습득하기 위해 기능공처럼 반복 훈련에만 매달렸다는 것을 의미합니다.

이 같은 반복 훈련으로 인해 초등학교 저학년 때까지는 수학을 좋아하다가도 학년이 올라갈수록 수학에 싫증을 느끼게 되는 경우가 많습니다. 심지어 많은 수의 학생들이 수학을 포기한다는 어느 고등학교 수학 선생님의 말씀은 이런 현상을 반영하는 듯하여 씁쓸한 기분나저 들게 합니다. 더군다나 학창 시절에 수학 공부를 잘해서 높은 점수를 받았던 사람들도 사회에 나와서는 그렇게 어려운 수학을 왜 배웠는지 모르겠다고 말하는 것을 들을 때면 씁쓸했던 기분은 좌절감으로 변해 버리곤 합니다.

수학의 역사를 살펴보면, 수학은 인간의 생활에서 절실히 필요했기 때문에 탄생했고, 이것이 발전하여 우리의 생활과 문화가 더욱 윤택해진 것을 알 수 있습니다. 그런데 왜 현재의 수학은 실생활과는 별로 상관없는 학문으로 변질되었을까요?

교과서에서 배우는 수학은 $\frac{1}{2} \div \frac{2}{3} = \frac{1}{2} \times \frac{3}{2} = \frac{3}{4}$의 수학 문제처럼 '정답은 얼마입니까?' 에 초점을 맞추고 답이 맞았는지 틀렸는지에만 관심을 둡니다.

그러나 우리가 초점을 맞추어야 할 부분은 분수의 나눗셈에서 나누는 수를 왜 역수로 곱하는지에 대한 것들입니다. 학생들은 선생님들이 가르쳐 주는 과정을 단순히 받아들이기보다는 끊임없이 궁금증을 가져야 하고 선생님은 학생들의 질문에 그들이 충분히 이해할 수 있도록 설명해야 할 의무가 있습니다. 그러기 위해서는 수학의 유형별 풀이 방법보다는 원리와 개념에 더 많은 주의를 기울여야 하고 또한 이를 바탕으로 문제 해결력을 기르기 위해 노력해야 할 것입니다.

앞으로 전개될 영재 수학의 내용은 수학의 한 주제에 대한 주제 학습이 주류를 이룰 것이며, 이것이 올바른 방향이라고 생각합니다. 따라서 이 책도 하나의 학습 주제를 완벽하게 이해할 수 있도록 주제 학습형 교재로 설계하였습니다.

끝으로 이 책을 출간할 수 있도록 배려하고 격려해 주신 (주)자음과모음의 강병철 사장님께 감사드리고, 기획실과 편집부 여러분들께도 감사드립니다.

2009년 7월 M&G 영재수학연구소

홍선호

차 례

추천사 04
머리말 11
길라잡이 16

1교시 그래프란 무엇인가요? 29
2교시 그림그래프의 종류와 쓰임을 알아보자 43
3교시 그림그래프를 그립시다 65
4교시 변화하는 양을 나타내는 그래프 81

5교시_ 함수그래프 해석하기 95

6교시_ 통계를 그래프로 그리기 111

7교시_ 통계그래프 해석하기 127

8교시_ 그래프 예측하기 141

9교시_ 거짓말하는 그래프 155

A 주제 설정의 취지 및 장점

오늘날 모든 학문은 독자적인 영역을 넘어 다른 학문과 만나서 더 넓은 영역을 이룹니다. 수학이라는 순수 학문도 통계학이나 경제학과 만나서 더 아름다운 꽃을 피웁니다. 수학의 한 영역인 '그래프' 또한 다른 학문과 만났을 때 그 역할이 배로 커집니다. 우리는 그래프를 저녁 뉴스에서 3~5번은 기본으로 발견할 수 있습니다. 그래프를 그리는 방법은 수학 논리를 필요로 하지만 그래프가 나타내는 자료는 사회 모든 방면의 정보를 담고 있습니다. 그러므로 그래프를 이해함으로써 다른 학문의 내용까지 쉽게 이해할 수 있게 됩니다.

학교 교육과정에서도 그래프를 중요하게 다루고 있습니다. 초등학교 수학 교육과정에는 주로 그림그래프를, 중학교의 수학 교육과정에는 1, 2차 함수그래프를, 고등학교 수학 교육과정에는 3차 및 기본적인 통계그래프가 제시됩니다. 이 책은 10년에 걸쳐서 배우는 그래프에 대한 내용을 책 한 권으로 정리하여 각 그래프 간의 공통점과 차이점을 효과적으로 이해하고 활용할 수 있게 하였습니다.

그래프가 보여주는 단순한 정보만을 읽는다면 그래프의 반밖에 배우지 못한 것입니다. 주어진 자료를 직접 그래프로 나타내고 그래프로 나타내어진 정보를 분석하는 힘을 길러야 합니다. 모든 지식은 이해하는 사람의 그릇 크기에 달렸습니다. 단순하기만 한 그래프에서 더 많은 정보를 찾아내고, 여러 정보 사이의 관계를 파악하여 새로운 정보를 만들어 내는 능력이야말로 오늘날 사회에서 필요한 능력이 될 것입니다.

B 교과 과정과의 연계

구분	과목명	학년	단원	연계되는 수학적 개념 및 원리
초등학교	수학	1학년	분류하여 세어보기	• 기준에 따라 자료 정리하기 • 자료의 특징 찾기
		2학년	표와 그래프	• 표에 대해 알아보기 • 그래프 그리기 • 조사하고 정리하기
		3학년	자료 정리하기	• 막대그래프 알아보기/그리기 • 그림그래프 알아보기/그리기
		4학년	꺾은선그래프	• 꺾은선그래프 알아보기/그리기 • 물결선 이용하여 꺾은선그래프 그리기 • 여러 가지 그래프로 나타내기
		5학년	자료의 표현	• 줄기와 잎 그림 그리기 • 평균 알아보기 • 그림그래프 알아보기
		6학년	비율그래프	• 띠그래프 알아보기/그리기 • 원그래프 알아보기/그리기
중학교	수학	1학년	규칙성과 함수	• 정비례와 반비례 • 함수의 뜻과 활용 • 함수의 그래프
			통계	• 도수분포와 그래프 • 상대도수와 누적도수
		2학년	일차함수	• 일차함수의 뜻 • 일차함수와 그래프 • 직선과 일차함수
		3학년	통계	• 상관도수와 상관표
고등학교	수학	1학년	통계	• 산포도와 표준편차 • 대푯값과 산포도 • 분산과 표준편차
		수학 I	통계	• 정규분포 • 통계적 추정

C 이 책에서 배울 수 있는 수학적 원리와 개념

1. 수학에서 자주 사용되는 '그래프'의 정의와 그래프가 사용되는 영역에 대해서 알 수 있습니다.
2. 그래프의 장점과 역할에 대해 알고 그래프를 배워야 하는 필요성을 느낄 수 있습니다.
3. 다양한 그림그래프의 종류와 그림그래프의 종류에 따라 사용하는 상황에 대해 알 수 있습니다.
4. 그래프를 그리는 순서와 방법을 알고 직접 그릴 수 있습니다.
5. 함수의 기본 개념을 알고 두 변수의 관계를 그래프로 나타낼 수 있습니다.
6. 통계학의 기본 내용을 알고 그래프를 통해 통계학을 쉽게 이해할 수 있습니다.
7. 연속형 자료와 비연속형 자료의 특징을 알고 각 자료의 특성에 따라 그래프를 그릴 수 있습니다.
8. 다양한 그래프를 통해 사회, 문화와 관련된 사실을 발견하고 새로운 사실을 유추해 낼 수 있습니다.
9. 그래프를 비판적으로 분석하여 오류를 찾아내는 능력을 기를 수 있습니다.

D 각 교시별로 소개되는 수학적 내용

1교시 _ 그래프란 무엇인가요?

그래프는 대수학과 기하학에서 아주 중요한 역할을 합니다. 그러한 그래프의 기본적인 정의를 알아보고 필요성을 확인합니다. 수학이라는 학문이 성립되기 시작하면서부터 그래프는 생겨났으며 끊임없이 사용하였습니다. 오늘날에 이르러서 역할이 더 커진 그래프가 지니는 의미를 알아봅니다. 수학이라는 다소 딱딱한 학문에 쉽게 다가갈 수 있게 하는 그래프의 매력을 느낄 수 있습니다.

2교시 _ 그림그래프의 종류와 쓰임을 알아보자

초등학교에서 가장 많이 다루어지는 그림그래프의 정의와 종류에 대하여 알아봅니다. 그림그래프의 종류에 따른 특징을 문제를 통해서 자연스럽게 알 수 있습니다. 원그래프와 꺾은선그래프를 통해 비율그래프와 변화그래프에 대해서 알아봅니다. 제시되는 그래프를 통해 자연스럽게 그래프를 해석해 봅니다.

3교시 _ 그림그래프를 그립시다

그림그래프의 가장 기본적인 막대그래프를 그려보는 시간입니다. 모든 그래프를 그릴 때 공통으로 적용되는 순서를 배워 봅니다. 순서에 따라 자료를 정리하고, 그래프의 축을 정하고, 그래프를 그립니다. 그래프를 그려 봄으로써 그래프가 자료를 효과적으로 나타낼 수 있음을 배웁니다.

4교시 _ 변화하는 양을 나타내는 그래프

중학교에서 본격적으로 나오는 함수그래프의 기본형에 대하여 알아봅니다. 함수그래프가 가지는 특징을 실제로 그래프를 그려 봄으로써 자연스럽게 이해합니다. 수업시간에 배워봤음 직한 문제를 함수그래프로 그리면서 더 손쉽게 해결할 수 있는 방법을 알게 됩니다. 더불어 미지수가 포함된 함수식을 간접적으로나마 접해 볼 수 있습니다.

5교시 _ 함수그래프 해석하기

네 가지 상황과 네 가지 그래프를 연결해 봅니다. 비례, 반비례의 기초적인 수학적 관계부터 가우스함수의 그래프까지 다루어 봅니다. 일상생활과 관련된 주제가 함수그래프로 변하는 모습을 보고 수학의 실용성에 대해서 생각해 봅니다. 문제를 해결하는 과정을 통해 '왜 답이 되는지', '왜 답이 될 수 없는지'와 같은 수학적 논리도 함께 키울 수 있습니다.

6교시 _ 통계를 그래프로 그리기

요즘 시대에는 통계를 통해 많은 일을 추진하고 예측합니다. 통계의 꽃이라고 할 수 있는 통계그래프에 대해서 배워 봅니다. 무의미하게 나열된 자료를 정리하고 그래프의 축을 정한 뒤 통계그래프를 그려 봅니다. 이 과정에서 통계와 관련된 기본적인 용어들에 대해서 배우고 자료가 가진 성격도 알게 됩니다. 자칫 혼동할 수 있는 막대그래프와 도수분포표의 구별법에 대해서도 배웁니다.

7교시 _ 통계그래프 해석하기

다양한 통계그래프 중에서도 가장 전형적인 형태를 나타내는 '정규분포곡선' 에 대해서 배웁니다. 두 가지의 정규분포곡선을 통해 알아낼 수 있는 정보를 찾아보고 그 정보의 참, 거짓을 확인해 봅니다. 정규분포곡선에서 쉽게 확인할 수 있는 평균, 분산에 대해서 알아봅니다. 네 번째 수업의 함수그래프, 여섯 번째 수업의 도수분포표와의 공통점과 차이점에 대해서 알아봅니다.

8교시 _ 그래프 예측하기

그래프의 가장 큰 장점은 다음 상황이나 상태를 예측할 수 있다는 것입니다. 문제에서 제시된 완성되지 않은 그래프를 예측하여 완성해 봅니다. 상황의 전, 후를 먼저 파악하고 수학적 논리에 맞도록 예측할 수 있습니다. 실제 신문기사를 분석해 보고 기사 속에 숨어있는 그래프의 원리를 깨닫습니다. 두 개 이상의 그래프를 보고 원인과 결과를 찾아보는 활동을 합니다.

9교시 _ 거짓말하는 그래프

그래프의 가장 큰 특징은 정보를 손쉽게 알아볼 수 있다는 것입니다. 이러한 강점이 있지만 속기 쉬운 단점도 있습니다. 그래프를 그리는 중에 자주 일어나는 실수들에 대해서 알아봅니다. 그래프에서 잘못된 부분을 찾아 바르게 고쳐 보는 활동을 통해 그래프를 맹목적으로 받아들이지 않고 비판적인 시각으로 보는 습관을 들입니다. 그래프를 성공적으로 활용하는 방법은 자료를 그래프로 정확하게 그리면서 그래프를 정확하게 해석해야 함을 알 수 있습니다.

E 이 책의 활용 방법

E-1. 《오일러가 만든 그래프》의 활용

1. 그래프의 뜻과 발생 배경을 공부하면서 그래프의 필요성과 그 장점에 대해 알아봅니다. 그래프로 다룰 수 있는 주제에는 어떤 것들이 있는지 찾는 것이 기본이 됩니다.
2. 그림그래프 중에서 변화를 나타내는 그래프와 비율을 나타내는 그래프의 차이점을 발견하고 상황과 연결시킬 수 있는 능력이 중요합니다.
3. 그래프를 그리는 순서를 기억하고 다양한 상황의 그래프를 순서에 따라 직접 그려보는 활동을 예시를 통해 알게 됩니다. 그래프를 읽는 것만큼 그리는 것도 중요함을 알 수 있습니다.
4. 함수관계의 상황을 그래프를 통해 명료하게 정리해 봅니다. 두 변수의 관계도 중요하지만, 그 관계를 그래프에서 어떻게 나타내는지를 이해하는 것이 중요합니다.
5. 통계 자료를 가공하여 그래프로 나타내는 활동이 주가 됩니다. 하나하나의 자료에 의미를 부여하여 통계 결과를 나타내는 전 과정을 이해하는 것이 중요합니다.

6. 통계 결과를 통하여 집단의 특징이나 미래 상황을 예측해 봅니다. 실제로 그래프가 가장 의미 있게 활용되는 예를 접해 봅니다. 그래프의 역할과 장점을 직접 느끼는 것이 중요합니다.
7. 다양한 그래프에서 오류를 찾고 수정합니다. 이러한 활동을 통해 그래프를 맹목적으로 신뢰하는 것이 아닌 비판적인 시각으로 볼 수 있도록 합니다.

E-2. 《오일러가 만든 그래프 – 익히기》의 활용 방법

1. 난이도 순으로 초급, 중급, 고급으로 나누었습니다. 따라서 '초급 → 중급 → 고급' 순으로 문제를 해결하는 것이 좋습니다.
2. 교시별로 초급, 중급, 고급 문제 순으로 해결해도 좋습니다.
3. 문제를 해결하다 어려움에 부딪히면, 문제 상단부에 표시된 교시의 기본서로 다시 돌아가 기본 개념을 충분히 이해하고 나서 다시 해결하는 것이 바람직합니다.
4. 문제가 쉽게 해결되지 않는다고 해답부터 먼저 확인하는 것은 사고력을 키우는 데 도움이 되지 않습니다.
5. 친구들이나 선생님 그리고 부모님과 문제에 대해 토론해 보는 것은 아주 좋은 방법입니다.
6. 한 문제를 한 가지 방법으로 문제를 해결하기보다는 다양한

방법으로 여러 번 풀어 보는 것이 좋습니다.

7. 머릿속으로 생각만 하고 넘어가기보다는 모든 자료를 정리해서 그래프까지 완성하는 전 과정을 실제로 반복하는 것이 효과적입니다.

그래프는 알고자 하는 내용을

한눈에 쉽게 알아볼 수 있게 합니다.

1 교시
그래프란
무엇인가요?

1교시 학습 목표

1. 그래프가 무엇인지 알고 설명할 수 있습니다.
2. 그래프의 장점을 알고 실생활에서 사용되는 예를 말할 수 있습니다.

미리 알면 좋아요

1. **그래프** 서로 관계가 있는 2개 또는 그 이상의 양量이나 수치를 나타낸 도형을 말합니다.
2. **오일러** 스위스의 수학자이자 물리학자입니다. 수학 분야에서는 미적분학을 비롯하여 기하학 분야에서 업적이 뛰어납니다. 기하학이 발달하지 않았던 시기에 '한붓그리기'를 통해서 다양한 상황을 그림으로 나타내고자 하였습니다. 이것이 그래프의 시작이 되었습니다.
3. **데카르트** 프랑스의 철학자이자 수학자입니다. "나는 생각한다. 그러므로 존재한다"라는 철학적 명제로도 유명하지만, 대수적인 내용을 기하학과 결합시킨 수학자로도 유명합니다. 위치를 숫자로 나타내는 좌표를 최초로 생각해 냈습니다. 좌표는 그래프를 그리는 데 있어 아주 핵심적인 개념입니다.
4. **통계학** 집단 현상을 수량적으로 관찰하고 분석하는 방법을 연구하는 학문입니다. 벨기에의 천문학자 케틀레가 학문의 형태로 연구하기 시작했습니다. 오늘날은 사회, 경제, 문화 등 모든 분야에서 통계학이 주목받고 있으며 미래에는 더 전망이 높아질 것으로 예상됩니다.

그래프! 여러분도 익숙하게 들어 본 단어죠? 영어로는 graph라고 하지요. graph는 '기록하다' 라는 어원을 가지고 있어요.

여러분은 그래프 하면 어떤 이미지가 떠오르나요? 복잡한 수식이나 공식들이 생각나지는 않죠? 여러분들이 떠올린 다양한 이미지들은 다 그래프일 거예요. 그래프는 그 모양이나 형태가 아주 다양하거든요. 그리는 사람이 어떻게 그리든지 모양만 다를 뿐 같은 내용을 담고 있을 수도 있고요.

먼저, 그래프의 뜻을 알아봅시다.

그래프란 조사한 수를 한눈에 쉽게 알아볼 수 있게 직선이나 곡선, 도형으로 나타낸 것이에요.

그래프의 모양이나 크기, 형태는 중요한 것이 아니에요. 그래프에서 제일 중요한 것은 알고자 하는 내용을 **한눈에 쉽게 알아볼 수 있게 한다**는 점이에요. 글자보다는 숫자가 눈에 더 잘 보이지만, 숫자보다는 그림이 한눈에 더 잘 들어오죠? 이것이 바로 그래프를 그리는 이유입니다.

혹시 병원이나 텔레비전에서 심전도 그래프를 본 적 있나요? 심장의 수축에 따라서 그 전류를 분석해서 곡선으로 나타내는 것인데요. 이 선의 간격이나 높이를 보면서 환자의 상태를 분석하는 데 사용하죠. 병원은 위급한 상황이 자주 발생하죠? 심전도가 그래프가 아닌 숫자로 표시되었다면 어떨까요? 응급상황에서 매번 바뀌는 심전도의 상태를 분석하기 위해 의사들이 숫자들을 하나하나 읽어야 할 겁니다. 그렇다면, 숫자를 읽는 동안 환자는 위험한 상황에 빠져버릴지도 모르죠.

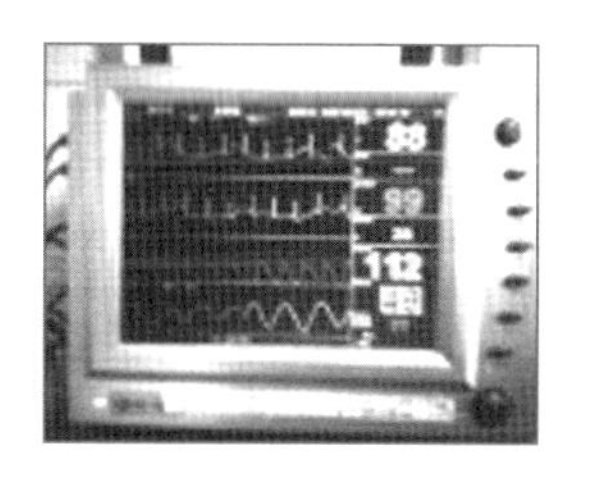

그래프를 언제부터 그렸는지는 정확하지 않아요. 아마 숫자가 생겨나고 사람들이 숫자를 일상생활에서 활용하기 시작했을 때부터 사용했을 거예요. 형태는 일정하지 않아도 자연스럽게 사용했겠죠?

그래프를 수학의 한 영역으로 본 것은 '오일러Leonhard Euler'라는 수학자입니다. 여러분 오일러 기억나시나요? 7권에서 오일러가 제시한 한붓그리기 문제를 함께 풀어봤죠? 오일러는 한붓그리기 문제를 해결할 때 생각해야 하는 많은 상황을 가장 간단한 그림으로 그려서 해결했어요. 그것이 그래프입니다. 물론 지금의 그래프와는 조금 다르답니다.

철학자 겸 수학자인 '데카르트Rene Descartes'는 좌표를 만들어 지금의 그래프를 만드는 데 도움을 주었답니다. 군인 시절 천장에 날아다니는 파리의 위치를 쉽게 나타내려고 좌표를 처음으로 사용했답니다. 파리가 움직이는 곡선을 그래프로 나타낼 수 있거든요. 좌표를 이해한다면 그래프를 쉽게 그릴 수 있어요.

사람들은 항상 좀 더 간단하고 편리한 방법을 찾죠? 이것이 그래프가 탄생한 이유입니다. 숫자나 수학적 관계들을 한눈에 쉽게 볼 수 있게 만든 것이 그래프예요. 어려운 수학 공식이 그래프로 바뀜으로써 규칙이나 관계를 더 쉽게 파악할 수 있습니다. 한눈에 쉽게 볼 수 있다면 모든 일을 더 빨리 진행할 수 있지요.

이제 간단한 그래프를 한번 그려 볼까요?

한 반에 학생이 30～40명 정도 되죠? 실내화 크기를 생각해 본 적 있나요? 이제부터 반 친구들의 실내화 크기를 그래프로 나타내 봅시다.

가장 먼저 해야 할 것이 무엇일까요? 친구들의 실내화 크기를 조사하는 겁니다. 여러 명의 친구에게 실내화 크기를 물어보는 거죠. 그러면 나는 '친구들의 실내화 크기'라는 자료를 갖게 되는 거죠.

그런 다음 실내화의 크기에 따라 분류를 하는 거예요. 200mm, 205mm, 210mm, …. 가장 작은 크기부터 가장 큰 크기까지 하나도 빠트리지 말아야 합니다. 그 다음에는 200mm인 친구는 몇 명인지, 230mm인 친구는 몇 명인지 세어 보는 거예요.

그러고 나서 그래프로 그려보는 겁니다. 우리가 처음에 조사한 자료만으로는 친구들의 실내화 크기에 대한 많은 정보를 얻을 수 없기 때문이에요. 예를 들어 누가 가장 발이 큰지, 가장 많이 신는 실내화 크기는 얼마인지 ……와 같은 정보 말이에요. 하지만, 이것을 그래프로 그려보면 한눈에 많은 정보를 알 수 있답니다.

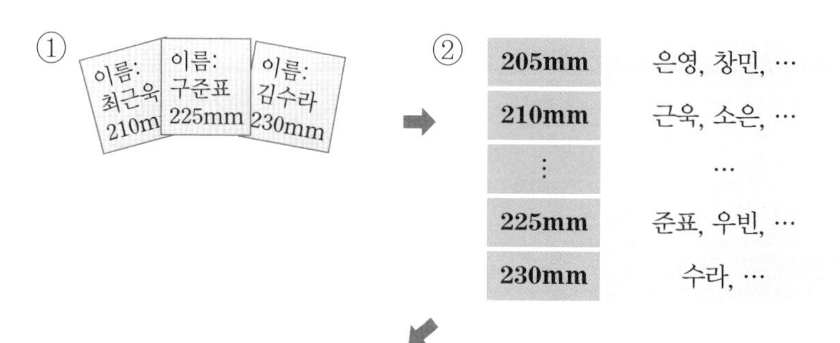

③

사이즈	명	사이즈	명
205	2명	220	12명
210	5명	225	7명
215	7명	230	7명

④
사람수 (명)
12
10
8
6
4
2
0 205 210 215 220 225 230 실내화 크기 (mm)

그래프의 큰 장점 중의 하나가 새로운 정보를 만들어 낸다는 것이에요. 실내화를 만드는 공장에서 실내화 크기를 조사함으로써 어떤 크기의 신발을 가장 많이 만들어야 할지 알 수 있다면 같은 돈으로 더 많은 이윤을 남길 수 있겠죠.

그래프는 수학뿐만 아니라 사회, 경제, 정치 등 모든 분야에서 사용되고 있어요. 요즘에 주목받는 통계학이라는 학문에서도 그래프가 아주 유용하게 쓰인답니다. 어려운 수치를 간단한 그래프로 그림으로써 미래를 예측하고, 원인과 결과를 찾아내는 것이 편리하거든요. 그래프는 그만큼 실제로 여러 방면에 도움이 많이 됩니다. 우리가 잘 배워놓으면 앞으로 모든 과목을 공부하는 데 도움이 될 거랍니다!

그래프는 종류도 아주 다양합니다.

우리가 흔히 아는 막대그래프, 원그래프와 같이 그림에 가까운 그래프들 있죠? 이런 그래프는 말 그대로 **그림그래프**라고 해요. 눈에 잘 띄도록 간단한 그림으로 나타내죠. 그림이 간단한 만큼 나타내는 정보도 간단해요. 하지만, 우리가 매번 자세하고 많은 양의 정보가 필요한 것은 아니잖아요. 정말 중요한 정보를 간단하게 나타내려면 그림그래프를 선택하는 것이 좋아요.

중학교 때부터 '함수' 라는 것을 배우는데요. 함수는 그래프

없이는 이해하기 어려운 경우가 많아요.

함수는 어떤 두 수 사이의 관계를 나타낼 때 사용한답니다. 함수를 그래프로 나타낸 것을 **함수그래프**라고 해요. X, Y 값의 변화에 따라 그래프의 선이 움직이죠. 함수그래프를 자주 접하다 보면 함수식까지 만들어 낼 수 있어요.

앞에서 통계학이라는 학문이 주목받고 있다고 했죠? 이 통계는 많은 정보를 정리해서 의미 있는 정보들만을 뽑아내는 것이에요. 그리고 그 중요한 정보들 사이에 일정한 관계나 공통점, 차이점을 찾아서 새로운 정보를 만들어 내는 학문이죠.

통계의 과정에서 그래프를 그리는 것은 필수에요. 그래야 쉽게 해석할 수 있거든요. 통계의 내용을 그래프로 나타낸 것을 **통계그래프**라고 한답니다.

이제 그래프를 다 배운 것 아니냐고요? 천만의 말씀이에요! 그래프를 읽기는 쉬워도 읽기 쉽게 그리는 것은 꽤 어렵거든요. 머리를 많이 써야 한다고요.

이제부터 그래프를 읽기 쉽게 그리는 방법과 그려진 그래프를 보고 많은 정보를 찾는 방법을 배울 거예요.

1. 그래프란 조사한 수나 내용을 한눈에 알아보기 쉽게 직선, 곡선, 도형 등을 이용해 그린 것을 말합니다.

2. 그래프는 많은 사람이 다양한 방면에서 사용하고 있으며, 최근에 들어서는 통계학의 발전으로 그래프의 가치가 더 높아지고 있습니다.

3. 그래프에는 그림그래프, 함수그래프, 통계그래프 등이 있습니다.

그림그래프는 비교하는 대상을

원, 도넛, 막대, 띠와 같은 그림으로 나타내는 그래프입니다.

전체에 대한 비율을 나타내고 싶을 때는

원그래프나 띠그래프,

대상의 변화를 비교하고 싶을 때는

꺾은선그래프나 막대그래프를 그립니다.

2교시 그림그래프의 종류와 쓰임을 알아보자

2교시 학습 목표

1. 그림그래프의 뜻을 알고 그 특징에 대해 말할 수 있습니다.
2. 그림그래프의 종류에 따라 모양이나 쓰임새를 알 수 있습니다.
3. 비율을 나타내는 그림그래프와 변화를 나타내는 그림그래프의 차이와 특징을 알 수 있습니다.

미리 알면 좋아요

1. **그림그래프** 비교하는 대상을 원, 도넛, 막대, 띠와 같은 그림으로 나타내는 그래프입니다.
2. **비율을 나타내는 그래프** 전체 중에서 부분이 차지하는 비율을 나타내는 그래프입니다. 기준이 되는 양이 달라짐에 따라 모양이나 크기가 변합니다.
3. **변화를 나타내는 그래프** 시간이 지남에 따라 변하는 값을 나타내는 그래프입니다.
4. **원그래프** 전체에 대한 각 부분의 비율을 원에 나타낸 그래프입니다. 비율을 나타내는 그래프 중 한 형태입니다.
5. **꺾은선그래프** 두 양의 관계를 점으로 표시해 이은 선으로 나타낸 그래프입니다. 기온이나 수량처럼 변화를 나타내는 데 적절합니다.
6. **막대그래프** 비교하고 싶은 양이나 수치를 막대기 모양으로 나열해 놓은 그래프입니다. 변화를 나타내는 그래프의 한 형태입니다.

2교시

문제

1 장호네 반에서는 매달 회장 선거를 합니다. 다음 두 그래프를 보고, 알 수 있는 정보를 찾아보시오. 그리고 어느 그래프가 더 좋은 그래프인지 알아보시오.

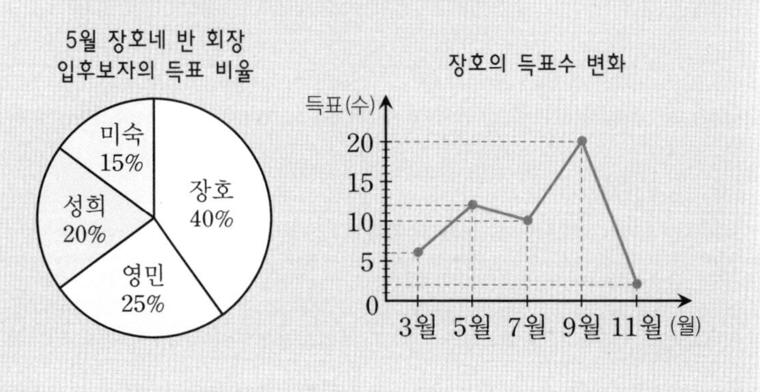

자~! 앞의 두 그래프를 보고 무엇을 알 수 있습니까?

먼저, 〈5월 장호네 반 회장 입후보자의 득표 비율〉 그래프부터 볼까요?

전체 모양은 원형이고 각 부분은 부채꼴 모양으로 되어 있는 그래프네요. 이렇게 생긴 그래프를 **원그래프**라고 합니다.

원그래프의 예

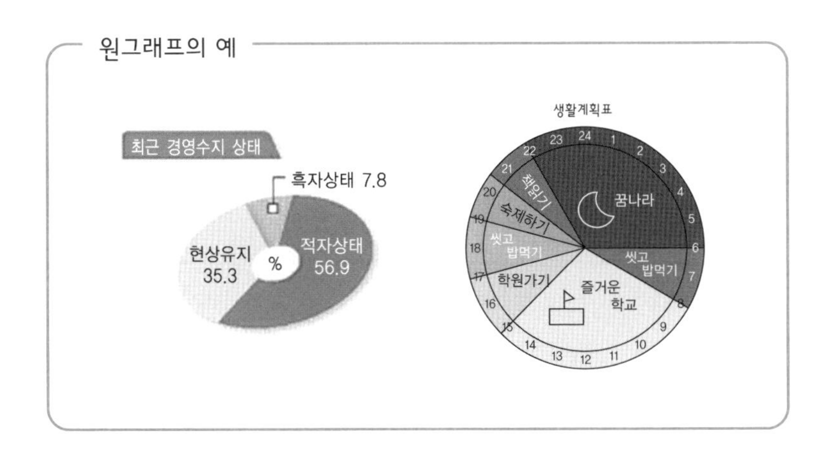

원그래프는 원을 차지하는 비율만큼 나누어서 표현하는 것입니다. 원 전체의 중심각은 360°이고 각 부채꼴도 중심각을 가지죠. 이 중심각의 크기에 따라서 차지하는 부분이 달라지는 것이죠. 백분율! 많이 들어 보았죠? 100%를 전체로 보았을 때 차지하는 비율. 이 %를 이용해서 그린답니다. 전체 중에 얼마만큼이냐는 것이죠.

따라서 앞의 원그래프는 장호가 5월에 회장 선거에서 전체 학생의 몇 % 지지를 받았는가를 최우선으로 나타내는 것이죠.

그것 외에도 많은 정보를 담고 있죠. 후보는 총 몇 명이었는지, 득표 순서는 어떻게 되었는지, 2위와의 차이는 어느 정도인

시…….

따라서 원그래프와 같이 비율을 나타내는 그래프는 한 가지 주제에 대해서 다양한 대상을 비교하기에 편리하답니다. 이것이 바로 장점이 되겠죠?

그럼 앞의 그래프에 대한 다섯 가지 문제를 풀어 봅시다.

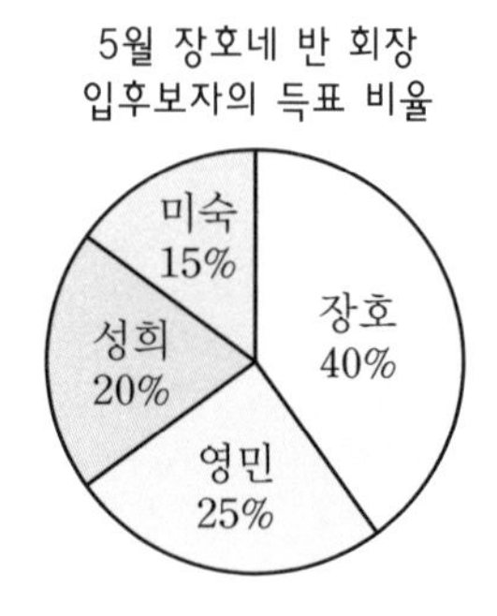

(1) 이 그래프의 주제는 무엇입니까?

(2) 어린이회장은 누가 되었나요?

(3) 득표를 많이 한 학생의 순서를 알 수 있나요?

(4) 장호를 뽑아 준 학생은 몇 명입니까?

(5) 3월에 비해서 장호를 뽑아 준 학생들은 늘었나요?

이제 이 그래프에서 알 수 있는 것을 찾아볼까요?

(1) 이 그래프의 주제는 무엇입니까?

그래프의 주제는 그래프의 제목과도 같아요. 그렇다면, 여기에서는 '5월 장호네 반의 회장 입후보자의 득표 비율' 이 그래프의 주제가 되겠군요.

(2) 어린이회장은 누가 되었나요?

선거로 어린이회장을 뽑을 때 어떤 방법으로 뽑나요? 득표수가 가장 많은 학생으로 뽑지요? 그렇다면 이 원그래프에서 가장 많은 부분을 차지하고 있는 학생은 누구입니까? 장호네요. 장호가 5월에 회장에 당선되었음을 알 수 있어요.

(3) 득표를 많이 한 학생의 순서를 알 수 있나요?

득표가 많을수록 차지하는 넓이가 커진다고 했죠? 위 원그래프에서 각 학생마다 차지하는 부채꼴의 넓이를 비교할 수 있나요? 가장 넓이가 넓은 것은 장호, 다음은 영민, 성희, 미숙 순서가 되는군요. 넓이가 넓은 순서가 득표를 많이 한 학생의 순서와 같네요.

(4) 장호를 뽑아 준 학생은 몇 명입니까?

장호가 가장 많은 표를 받고 회장에 당선되었네요. 장호는 몇 표를 받고 당선되었을까요? 몇 표를 받았는지는 원그래프만 보고는 찾을 수가 없어요. 원그래프에서는 대상이 차지하는 비율에 대해 비교만 할 수 있거든요. 장호가 다른 학생들보다 많은 표를 받았다는 것은 알 수 있지만 몇 명의 학생이 장호를 뽑아 주었는지는 알 수 없지요.

하지만, 만약에 한 반에 학생이 100명이라고 제시되었다면 얘기는 달라집니다. 전체에 대한 장호의 득표 비율을 알고 있으니까 전체 학생 수가 100명이라면 간단한 방법을 통해 구할 수 있거든요. 지금 원그래프에서는 전체 학생이 몇 명인지 나와 있지 않으니 (4)번 문제를 해결할 수 없겠네요.

(5) 3월에 비해서 장호를 뽑아 준 학생들은 늘었나요?

이 반은 매달 회장 선거를 하는 것 같은데요. 이 원그래프의 주제는 '5월' 이죠? 그래서 5월의 정보만을 알 수 있죠. 3~4월에 장호가 선거에 나갔는지조차 모르잖아요. 3월에 대한 정보가 없으니 자연스럽게 3월과 5월을 비교할 수 없게 되죠.

다음 그래프를 볼까요?

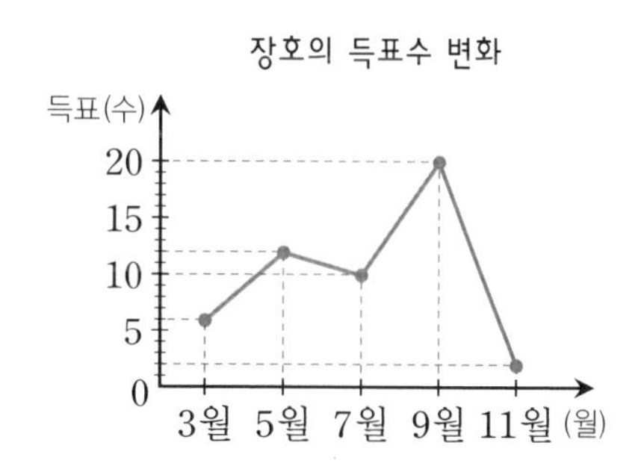

(1) 이 그래프의 주제는 무엇입니까?

(2) 장호는 어린이회장이 몇 번 되었나요?

(3) 장호는 몇 월에 득표를 가장 많이 했나요?

(4) 5월 선거에 입후보자는 몇 명입니까?

(5) 장호의 지지율은 어떤 변화가 있습니까?

이 그래프는 직선으로 이루어져 있죠? 그것도 삐뚤삐뚤 방향이 바뀌잖아요. 이런 그래프를 **꺾은선그래프**라고 한답니다.

꺾은선그래프의 예

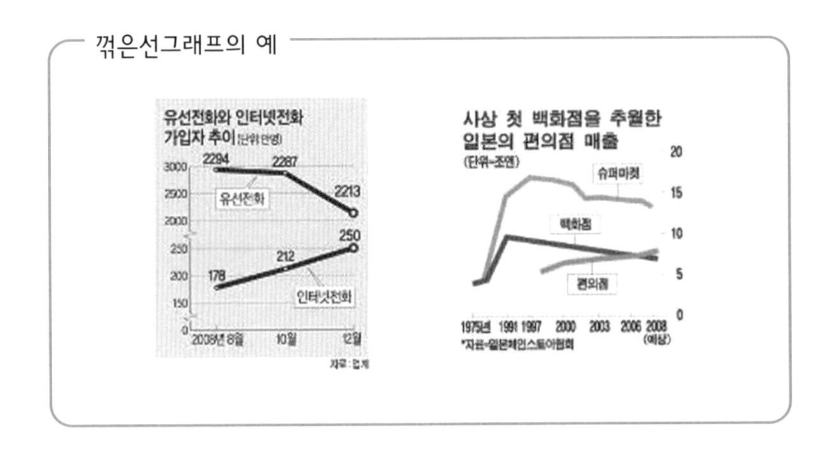

꺾은선그래프는 변화되는 양을 파악하기 좋아요. 꺾은선그래프는 한 가지 대상을 놓고 시간이 변함에 따라 어떻게 변화되는지를 알아보는 데 편리하답니다.

장호의 득표수 변화그래프는 장호의 득표수가 시간이 지남에 따라 어떻게 변화되었는가를 나타내는 것이 최우선이죠. 이를 통해서 장호의 지지도가 올라갔는지, 내려갔는지 알 수 있죠. 그리고 그 변화량은 어느 정도인지도 알 수 있고요.

하지만, 원그래프처럼 몇 명의 학생과 경쟁을 벌였는지, 장호가 당선되었는지는 알 수 없답니다.

이제 본격적으로 다음 문제를 풀어 볼까요?

(1) **이 그래프의 주제는 무엇입니까?**

그래프의 주제를 쉽게 찾는 방법은 무엇이었죠? 그래프의 제목이 바로 그래프의 주제였죠? 이 꺾은선그래프의 주제는 '장호의 득표수 변화' 에요. 시간이 지남에 따라 장호를 뽑아 준 학생이 몇 명인지 알아보는 것이죠.

(2) **장호는 어린이회장이 몇 번 되었나요?**

어린이회장은 표를 가장 많이 받은 학생이 당선되죠? 그렇다면, 장호가 다른 친구보다 표를 많이 받아야 합니다. 그런데 이 꺾은선그래프에서는 장호가 받은 표수만 알려주고 다른 친구들이 몇 표를 받았는지는 나와 있지 않아요.

표수가 가장 많은 9월에 장호가 회장이 되었다고요? 장호가

9월에 20표를 받았지만 다른 친구가 20표 이상 받아서 그 친구가 회장이 되었을 수도 있죠. 그래서 장담할 수가 없답니다. 마찬가지로 6표를 받은 3월에도 회장이 못 되었다고는 할 수 없다는 거죠. 이 꺾은선그래프로는 장호가 회장이 몇 번 되었는지 알 수 없어요.

(3) 장호는 몇 월에 득표를 가장 많이 했나요?

이것은 바로 찾을 수 있겠네요. 몇 월에 장호가 제일 많은 표를 받았나요? 그렇죠. 20표를 받은 9월이 가장 많은 표를 받은 달이네요.

보너스~! 가장 표를 적게 받은 달은 몇 월인가요? 11월이군요. 그래프를 보고 찾을 수 있었나요? 꺾은선이 가장 높은 곳은 9월, 꺾은선이 가장 낮은 곳은 11월이잖아요.

(4) 5월 선거에 입후보자는 몇 명입니까?

질문이 5월 선거에 대한 것이군요. 5월을 한번 봅시다. 5월에 장호는 12표를 받았군요. (2)번 문제에서도 알 수 있듯이 이 꺾은선그래프로는 5월에 장호가 회장이 되었는지 아닌지는 알 수 없어요. 그렇다면, 5월 선거에 후보로 나온 학생 수는 알 수 있을까요? 그것도 알 수 없죠?

하지만, 앞에 나왔던 원그래프에서는 알 수 있군요. 이것이 바로 꺾은선그래프와 원그래프가 나타내는 정보가 다르다는 것입니다.

(5) 장호의 지지율은 어떤 변화가 있습니까?

먼저, 지지율이라는 말을 아나요? 지지율은 다른 사람이 믿고 따라 준 정도를 나타내는 것이에요. 얼마나 많은 학생이 회장 선거에서 장호를 뽑아 줬느냐는 것이죠.

그래프는 숫자보다 더 보기 쉽다고 했죠. 우리가 왼쪽 눈금에 나와 있는 숫자를 보지 않더라도 그래프의 높이와 모양만 보면 알 수 있어요. 선이 높았을 때는 장호를 뽑아 준 학생이 많고, 선이 낮았을 때는 적죠.

이 꺾은선을 보면 3월에 비해서 9월까지는 대체적으로 지지율이 높아지죠. 그러다가 11월이 되면 지지도가 갑자기 뚝 떨어지네요. 어머~! 무슨 일이 있었나 보네요. 각 날에 몇 표를 받았는지 하나씩 확인하지 않아도 그래프만 보고도 여러 가지 정보를 알 수 있답니다.

총 10가지의 질문에 모든 답을 찾을 수 있었나요? 답을 찾을 수 없는 질문도 있었죠? 그것은 두 그래프가 알려주는 정보가 다르기 때문이에요.

원그래프와 꺾은선그래프에 대해 알아보았는데요. 그림으로 그려서 자료의 내용을 표현하는 것을 '그림그래프'라고 한답니다. 그렇다면 그림그래프에는 이 두 가지밖에 없을까요? 물론 아닙니다. 조사한 내용을 한눈에 알아볼 수 있게만 그리면 그래프의 조건이 만족하는 것이거든요.

위의 그래프와 성격이 비슷한 그래프부터 알아볼까요?

먼저, 띠그래프는 원그래프와 성격이 비슷합니다.

원그래프가 원으로 전체 양을 나타냈다면 띠그래프는 긴 직사각형, 즉 띠로 전체를 나타낸 것이죠. 이것도 원그래프와 마찬가지로 전체에 대해 부분이 얼마만큼 차지하는지를 비교하는 데 편리해요. 각 색깔이 차지하는 비율이 보이죠? 한눈에 바로 보이는 것이 그래프의 역할이자 책임이죠.

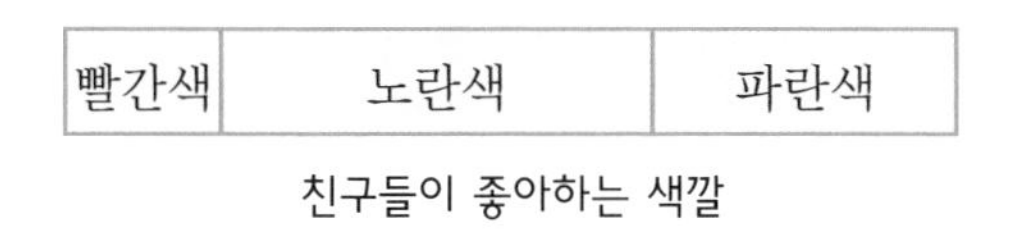

친구들이 좋아하는 색깔

그리고 원그래프에서 원 대신에 도넛 모양으로 나타낸 도넛

그래프도 있답니다.

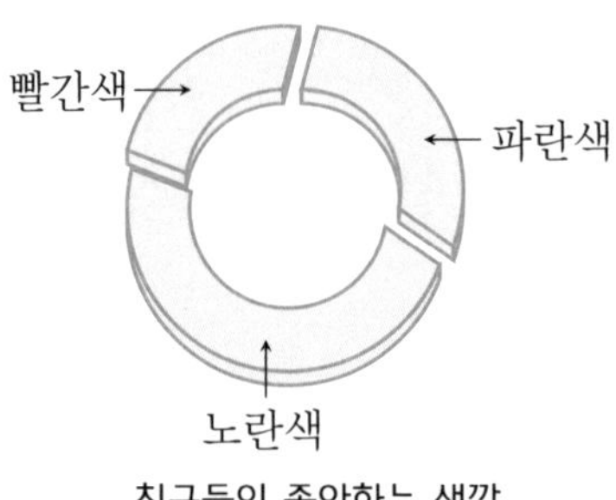

친구들이 좋아하는 색깔

이제는 꺾은선그래프처럼 한 가지 대상이 변화되는 형태를 잘 알아볼 수 있는 그래프에는 어떤 것들이 있는지 알아볼까요?

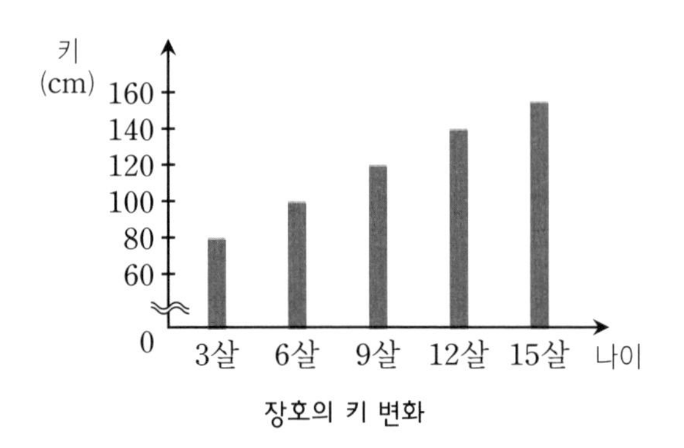

장호의 키 변화

위와 같은 그래프를 막대그래프라고 합니다. 막대 모양이 여러 개 있기 때문이죠. 이 그래프 또한 대상의 변화를 알기 쉽도록 하고 있습니다. 양이 많으면 막대의 높이가 높고, 양이 적으면 막대의 높이가 낮습니다.

꺾은선그래프와 비슷하지만 곡선으로 나타난 형태도 있고요. 같은 막대그래프이지만 꼭 한 가지 대상만을 나타내지 않는 것도 있어요. 우리가 실제로 그래프를 다양한 곳에 사용하기 때문에 각 상황에 맞도록 바꾸어 주는 거죠.

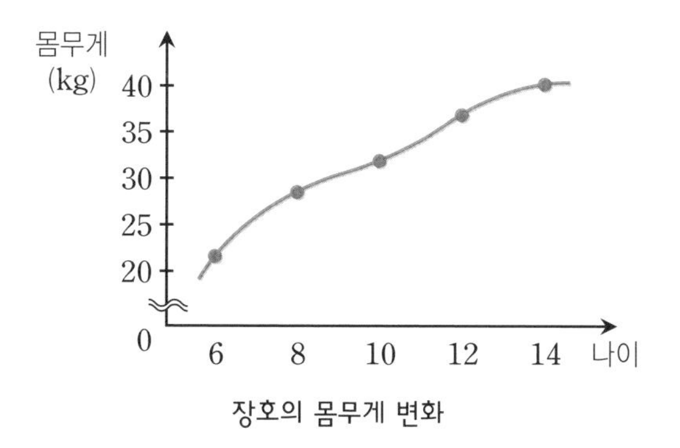

장호의 몸무게 변화

앞에서 알아본 그림그래프 외에도 그래프의 종류에는 여러 가지가 있답니다. 다양한 그래프는 다음 시간에 계속 소개할 거예요.

이 그래프는 각 나라별 공공 도서관의 수를 나타낸 그래프입니다. 형태는 막대그래프

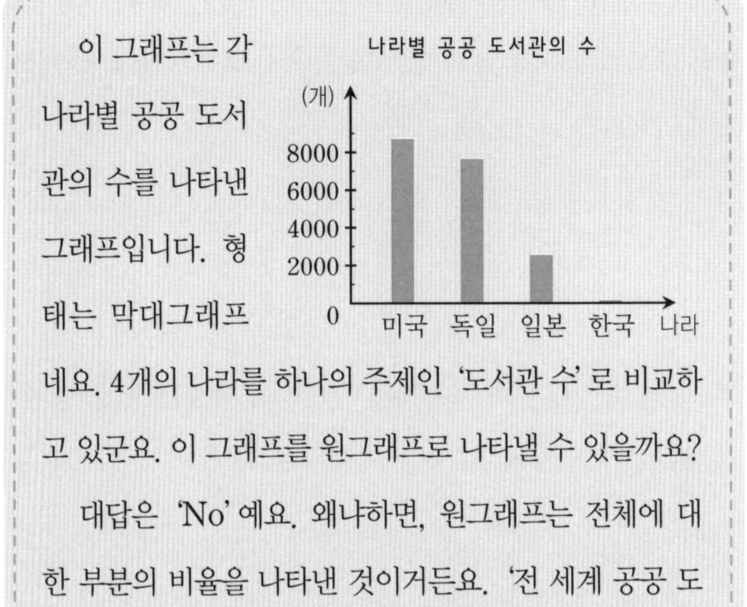

네요. 4개의 나라를 하나의 주제인 '도서관 수'로 비교하고 있군요. 이 그래프를 원그래프로 나타낼 수 있을까요?

대답은 'No'예요. 왜냐하면, 원그래프는 전체에 대한 부분의 비율을 나타낸 것이거든요. '전 세계 공공 도서관의 수'에 대한 '우리나라 도서관의 수'라면 원그래프로 표시할 수 있지만, 다른 대상을 비율이 아닌 크기나 양만으로 비교할 때는 원그래프가 적당하지 않답니다.

비교하는 대상이 여러 가지라도 막대그래프로 표현하기 적합한 주제와 원그래프로 표현하기 적합한 주제가 따로 있답니다. 그것의 기준은 '전체에 대한 비율이냐'와 '한 가지 대상 값의 비교냐'가 되는 것이죠.

다시 2교시 처음에 제시한 문제로 돌아가서, 앞의 그래프 중에서 어떤 그래프가 좋은 그래프일까요? 원그래프? 꺾은선 그래프?

정답은 '상황마다 다르다' 예요. 허무한가요? 그런데 정말 그래프는 매 상황에 따라 가장 효과적으로 그리는 방법이 다르거든요. 목적은 자료를 좀 더 한눈에 알아볼 수 있게 하는 것이죠. 목적에 맞는다면 어떤 형태와 크기인지는 상관없답니다

그 대신 각 상황에 적절한 그래프를 그려야겠죠? 그 방법은 그래프의 특징과 내가 가진 자료의 특징을 연결할 수 있어야 한답니다. **전체에 대한 비율을 나타내고 싶을 때는 원그래프나, 띠그래프를 선택**해야 하고요. **대상의 변화를 비교하고 싶을 때는 꺾은선그래프나 막대그래프를 선택**해야겠지요.

이것은 여러 번 그래프를 읽고, 그리다 보면 저절로 알게 된답니다. 아마 여러분이 이 수업을 다 듣는다면 그래프 달인이 될 거에요.

그래프는 종류와 쓰임새는 다르지만 공통점이 있어요. 바로 자료를 비교한다는 점이죠. 여러 가지 복잡하게 얽혀 있는 자

료를 쉽게 볼 수 있도록 정리하는 것이 그래프잖아요. 자료의 특징을 눈에 잘 보이도록 그려야 합니다. 하지만 이것도 잘 그려야 한답니다. 무엇을 기준으로 잡을지, 한 칸의 크기는 얼마로 할지……. 고민해야 할 것이 한둘이 아니거든요. 이제부터 본격적으로 그림그래프를 한번 그려 볼까요?

1. 그림그래프는 한눈에 알아보기 쉽고, 우리 주변에서 가장 많이 사용되는 그래프입니다.

2. 그림그래프에는 전체에 대한 부분의 비율을 나타내는 그래프와 변화를 나타내는 그래프로 나눌 수 있습니다. 그래프의 모양에 따라 전달하는 정보가 다르므로 그래프를 사용할 때는 각 상황에 어울리는 그래프를 선택해야 합니다.

3. 그래프는 자료를 비교하는 역할을 합니다. 정리한 자료를 그래프로 그려서 정보를 만들어 낼 수 있는데, 그래프마다 나타내는 정보의 성격은 모두 다릅니다.

그래프에서 나타낼 기준에 맞게 자료를 정리하고

그래프 주제에 맞게 축을 정합니다.

3교시 그림그래프를 그립시다

3교시 학습 목표

1. 그림그래프를 그리는 순서와 방법을 알고 실제로 그래프를 그릴 수 있습니다.
2. 같은 자료를 정리하여 다른 형태의 그래프를 그릴 수 있습니다.
3. 실생활에 있는 자료를 그래프로 나타내어 봄으로써 그래프의 장점을 이해할 수 있습니다.

미리 알면 좋아요

1. **자료** 온갖 수, 영상, 단어들과 같이 바탕이 되는 것을 의미합니다. 이 자료를 의미 있게 정리하면 정보로 만들 수 있습니다. 그래프를 그릴 때는 그래프의 주제에 맞는 자료를 사용하고, 그 자료를 변형시켜서 정보를 만들어 냅니다.
2. **전체에 대한 부분의 비의 값** 비율을 나타내는 그래프를 그릴 때는 전체에 대한 부분의 비의 값을 구할 수 있어야 합니다. 전체에서 내가 알고 싶은 것이 차지하는 비율을 구하는 것입니다. 예를 들어, 전체 학생 수에 대한 남학생 수의 비의 값을 구해 봅시다. 먼저, 기준이 되는 양은 '전체 학생 수'가 됩니다. 기준량에 대한 비교하는 양은 '남학생 수'가 되지요. 기준량에 대한 비교하는 양의 비의 값은 분모에 기준량, 분자에 비교하는 양을 대입해서 구할 수 있습니다.

$$\text{비의 값} = \frac{\text{부분}}{\text{전체}} = \frac{\text{비교하는 양}}{\text{기준량}} = \frac{\text{남학생 수}}{\text{전체 학생 수}}$$

3교ㅅ

문제

1 다음은 장현이네 반 학생들이 좋아하는 요일을 조사한 자료입니다. 다음 자료를 막대그래프로 나타내어 보시오.

지환	금요일	현식	금요일	일근	월요일	규리	토요일	유진	수요일
선중	화요일	준호	화요일	장현	금요일	가은	금요일	원영	목요일
승훈	금요일	창준	수요일	재준	토요일	유경	목요일	휴림	화요일
영찬	토요일	동욱	수요일	한범	일요일	민지	일요일	승희	토요일

여러분은 어떤 요일을 가장 좋아하나요? 장현이네 반에서는 반 학생들이 좋아하는 요일을 조사했네요. 이 자료를 가지고 막대그래프를 그려 보겠습니다.

먼저, 그래프를 그리는 순서부터 알아볼까요?

(1) 자료를 정리한다.
(2) 그래프의 축을 정한다.
(3) 그래프를 그린다.

너무 간단한가요? 순서대로 해 봅시다.

(1) 자료를 정리한다

'자료' 라고 함은 조사한 값이 돼요. 장현이네 반에서는 좋아하는 요일을 조사했으니까 '요일' 이 자료이죠. 조사한 내용에 따라서 수가 될 수도 있고, 어떤 단어가 될 수도 있어요. 그러니까 자료의 형태는 정해진 것이 없답니다.

이제 이 자료들을 요일별로 몇 명의 학생들이 선택했는지

표로 정리해 봅시다.

요일	월요일	화요일	수요일	목요일	금요일	토요일	일요일	합계
선택한 학생	일근	선중 준호 휴림	창준 동욱 유진	유경 원영	지환 승훈 현식 장현 가은	영찬 재준 규리 승희	한범 민지	
선택한 학생 수	1	3	3	2	5	4	2	20

이렇게 하면 자료 정리가 다 되었어요. 우리가 그리는 것은 막대그래프니까 요일별 학생 수를 알면 되거든요. 표로만 정리해도 훨씬 알아보기 쉽죠? 자료를 정리하는 것은 그래프 그리기의 기초라고 할 수 있어요. 기초 공사가 튼튼해야 건물이 무너지지 않죠? 자료 정리를 꼼꼼하게 해야 그래프가 정확하게 그려진답니다.

(2) 그래프의 축을 정한다

이제 자료 정리가 끝났으면 그래프의 큰 틀을 잡아야 해요.

바로 축을 정하는 것인데요. 막대그래프는 2교시에서도 배웠듯이 가로와 세로에 값을 정하고 막대로 그려 주는 거예요. 가로에 어떤 값을 넣을지, 세로에 어떤 값을 넣을지 정하는 것이죠. 가로와 세로의 값을 선택하는 기준은 따로 없어요. 그저 더 보기 쉽도록 정해 주는 것이죠. 그리고 어디에 더 초점을 두는지도 중요하고요.

우리가 그리는 그래프의 주제는 '장현이네 반 학생들이 좋아하는 요일' 이에요. 그래서 가로축에 요일을 적고, 세로축에 좋아하는 학생 수를 나타내는 것이 좋겠군요.

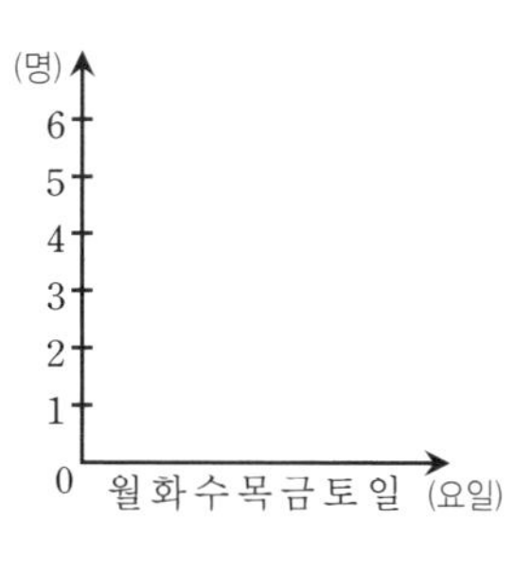

그래프의 축을 정한다는 것은 아주 민감한 작업이에요. 그래프의 축을 어떻게 정하느냐에 따라서 똑같은 자료라도 모양이 다른 그래프로 만들어질 수 있거든요. 만약, 위의 표를 월, 화, 수, 목, 금요일을 묶어서 '평일' 로 정하고, 토, 일요일을 묶어서 '주말' 로 나눈다면 그래프의 모양은 또 달라지겠죠?

이처럼 그래프의 축을 정할 때는 그래프 주제를 최대한 잘 표현할 수 있도록 정해 주어야 하는 게 포인트예요!

(3) 그래프를 그린다

이제 직접 그래프를 그릴 텐데요. (1), (2)단계가 충실히 되었다면 그래프를 그리는 것은 식은 죽 먹기예요. 가로, 세로축에 각각 요일, 명을 정했으니까 (1)단계에서 그린 표를 보고 채워 주면 되는 거죠.

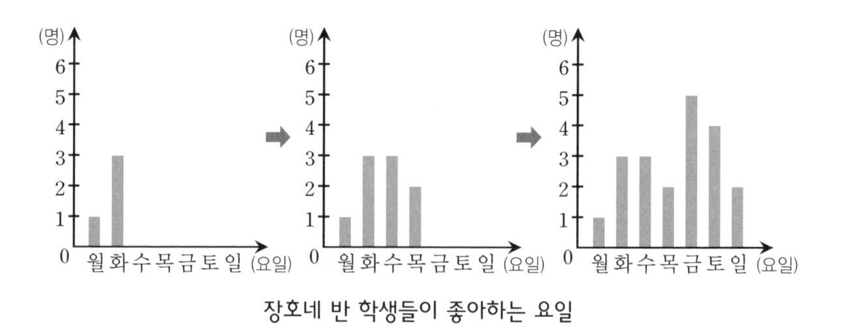

장호네 반 학생들이 좋아하는 요일

어때요? 그래프 그리는 것 생각보다 쉽죠?

막대그래프를 그릴 때 주의할 점은 막대의 길이 외에는 모든 것이 같아야 돼요. 막대의 폭이나 똑같은 양을 나타낸 막대끼리는 넓이도 같아야 하구요.

그리고 이왕이면 눈에 잘 띄도록 그래프의 배경과는 다른 색을 칠해 주면 더 좋겠죠? 그리고 제일 마지막에 확인할 것이 있어요. 그래프의 주제를 잘 나타내는 제목을 붙였는지, 가로축과 세로축의 단위를 표시했는지, 각 눈금은 잘 표현되었는지……. 마무리까지 깔끔해야겠죠?

(3)단계를 거쳐서 막대그래프를 그려 보았는데요. 그래프를 보니 금요일을 가장 많이 좋아하는군요. 이번에는 똑같은 자료를 막대그래프가 아닌 다른 그래프로 한번 그려볼까요? 순서는 똑같아요. 다만, 그래프의 모양이 달라지니까 그리는 방법이 약간 달라질 뿐이에요.

막대그래프가 변화를 나타내는 그래프였다면 이번에는 비율을 나타내는 '띠그래프' 로 한번 나타내 볼까요?

(1) 자료를 정리한다

자료는 앞에서 정리한 자료에 한 가지만 더하면 돼요. 비율그래프이니 '전체에 대한 부분의 비율' 을 구해야겠죠. 띠그래프는 긴 직사각형을 전체로 보고, 각 부분을 나누어서 나타내는 그래프예요.

먼저, 전체 띠의 길이를 정해야겠죠. 10cm로 정할까요? 이 띠의 길이도 그래프를 그릴 종이 크기에 따라 정하면 되는 거예요. 그 대신 9.8cm, 5.423cm와 같이 계산하기 복잡한 값은 피하는 것이 좋겠죠? 전체를 10cm로 보고 다음 표에서 각 요일이 차지하는 길이를 구하면 돼요.

$$\text{차지하는 길이} = 10\text{cm} \times \frac{\text{해당 학생 수}}{\text{전체 학생 수}}$$

$$\text{월요일} = 10\text{cm} \times \frac{1}{20} = 0.5\text{cm}$$

화요일 $= 10\text{cm} \times \frac{3}{20} = 1.5\text{cm}$

수요일 $= 10\text{cm} \times \frac{3}{20} = 1.5\text{cm}$

목요일 $= 10\text{cm} \times \frac{2}{20} = 1\text{cm}$

금요일 $= 10\text{cm} \times \frac{5}{20} = 2.5\text{cm}$

토요일 $= 10\text{cm} \times \frac{4}{20} = 2\text{cm}$

일요일 $= 10\text{cm} \times \frac{2}{20} = 1\text{cm}$

요일	월요일	화요일	수요일	목요일	금요일	토요일	일요일	합계
선택한 학생 수	1	3	3	2	5	4	2	20(명)
차지하는 길이	0.5	1.5	1.5	1	2.5	2	1	10 (cm)

(2) 그래프의 축을 정한다

띠그래프는 축을 정한다기보다는 나타내는 단위를 정확하게 정해주는 것이 좋아요. 전체의 길이를 표시하고, 각 부분의 길이도 표시하는 것이죠. 다른 방법으로는 전체를 100%로 보았을 때 차지하는 비율을 %로 나타낼 수도 있어요. 백분율%이 우리에게 익숙하니까 띠그래프 대부분은 백분율로 나타내어 있답니다.

앞의 자료도 백분율까지 정리해 볼까요?

$$\text{백분율}=\frac{\text{해당되는 학생 수}}{\text{전체 학생 수}}\times 100$$

$$\text{월요일}=\frac{1}{20}\times 100=5(\%)$$

$$\text{화요일}=\frac{3}{20}\times 100=15(\%)$$

$$\text{수요일}=\frac{3}{20}\times 100=15(\%)$$

$$\text{목요일}=\frac{2}{20}\times 100=10(\%)$$

$$\text{금요일}=\frac{5}{20}\times 100=25(\%)$$

$$\text{토요일}=\frac{4}{20}\times 100=20(\%)$$

$$\text{일요일}=\frac{2}{20}\times 100=10(\%)$$

요일	월요일	화요일	수요일	목요일	금요일	토요일	일요일	합계
선택한 학생 수	1	3	3	2	5	4	2	20(명)
차지하는 길이	0.5	1.5	1.5	1	2.5	2	1	10 (cm)
백분율	5	15	15	10	25	20	10	100 (%)

실제로 나타낼 띠에 그리기 쉽도록 눈금을 표시해 두면 편하겠죠?

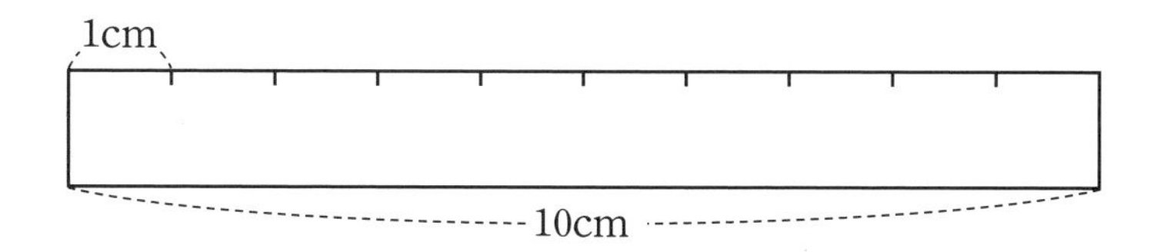

(3) 그래프를 그린다

자~! 마지막 단계네요. 이미 눈금까지 표시한 띠에다가 자료의 값을 표시하면 된답니다. 띠그래프는 각 부분에 차지하는 백분율을 표시해 주기도 하고요. 그리고 부분마다 색깔을 달리 해 주면 더 알아보기 쉬워진답니다.

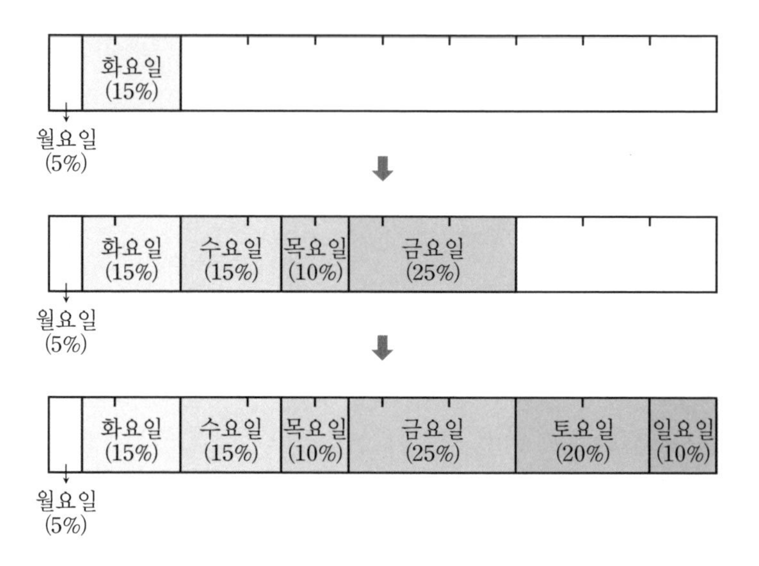

이제 띠그래프까지 그려 보았는데요. 어때요? 직접 그려 보니까 그래프와 더 친근해 진 느낌이 드나요? 우리가 그려 본 그래프는 두 가지였지만, 훨씬 더 다양한 그래프가 있어요. 다른 그래프들은 익히기 편에서 알아볼 거예요.

막대그래프를 띠그래프로도
그릴 수 있답니다.
띠에 자를 이용해서
눈금을 표시하니까
그리기 편해요.
더 편하게 띠그래프를
10cm나 20cm로
하면 좋잖아.
앗~ 내 띠그래프는
9.8cm네.

1. 그래프를 그리는 순서는 '자료 정리 – 그래프 축 정하기 – 그래프 그리기' 입니다.

2. 자료를 정리할 때는 그래프에서 나타낼 기준에 맞도록 정리합니다. 예를 들어, '요일에 따른 극장 관객 수' 를 그래프로 나타낸다면 각 요일을 기준으로 관객의 숫자를 정리해야 합니다.

3. 그래프 축을 정할 때는 한눈에 잘 보이도록 그래프의 주제에 맞게 정해야 합니다.

4. 비율그래프를 그릴 때는 전체에 대한 부분의 비의 값을 구한 뒤 그래프를 그립니다. 띠그래프에서는 전체 띠의 길이와 각 부분이 차지하는 길이를 구해서 그려야 합니다.

4 교시

변화하는 양을 나타내는 그래프

4교시 학습 목표

1. 함수그래프의 뜻을 알고 함수그래프를 그릴 수 있습니다.
2. 함수그래프를 이용하여 실생활의 문제를 해결할 수 있습니다.
3. 주어진 상황에 맞는 간단한 함수식을 세울 수 있습니다.

미리 알면 좋아요

1. **함수** 변하는 두 양量이 있을 때, A양量이 변함에 따라 다른 양이 하나씩 정해지는 두 양 사이의 대응관계를 함수라고 합니다. 이때 A는 독립변수로 수학식에서 x로 나타내고, B는 종속변수로 수학식에서 y로 나타냅니다. 우리 주변의 많은 것은 서로 함수관계에 놓여 있습니다.
2. **함수그래프** 함수식이 주어졌을 때, 그 관계는 보기 쉽게 좌표 위에 나타내는 것을 말합니다. 가로축은 독립변수인 x를 나타내며, 세로축은 종속변수인 y를 나타냅니다. x의 양이 변할 때마다 y의 양이 변화되는 값에 점을 찍거나 선으로 연결하여 나타냅니다. 함수그래프의 형태는 점, 직선, 곡선 등 다양한 모양을 가집니다.

4교시

문제

① 유성이네 엄마는 오렌지를 직접 사올 수가 없어서 배달을 시키려고 합니다. A 도매상과 B 마트에 전화를 했는데, 두 가게의 주인의 대답은 다음과 같았다고 합니다.

A 도매상 : 오렌지 1kg에 2,000원이고 별도로 배달료 3,000원을 받습니다.
B 마트 : 오렌지 1kg에 3,000원이지만 저희는 배달료는 받지 않아요.

어디에서 오렌지를 사는 것이 더 유리할까요? 그래프를 그려서 알아보시오.

앞의 문제와 같은 상황은 실제 생활에서도 자주 일어나죠? 두 가지 중에 어느 것을 선택할지 고민될 때가 잦잖아요? 이럴 때는 더 유리한 쪽을 선택해야 합니다. 앞의 상황을 그래프로 그려서 정리해 보면 쉽게 알 수 있답니다. 우선 상황에 대한 설명을 좀 해야겠군요.

이처럼 **한 가지 양이 변함에 따라 다른 양이 하나씩 정해지는 것을 '함수관계'에 있다**고 해요. 위의 상황에서는 무엇이 변함에 따라 어떤 양이 정해지나요? 오렌지의 무게에 따라서 치러야 하는 비용이 달라지죠. 오렌지의 무게와 치러야 할 비용 사이에는 일정한 관계가 있어요.

이런 함수관계에 있는 문제를 해결할 때는 그래프가 도움된답니다. 눈으로 쉽게 비교해서 더 유리한 쪽을 선택할 수 있거든요. 이제 A 도매상과 B 마트의 오렌지 무게에 따른 비용의 관계를 알아볼까요? 먼저 관계를 알아야 그래프로 나타낼 수 있거든요.

A 도매상에서 오렌지의 무게와 치러야 하는 비용 사이에는 어떤 관계가 있을까요? 분명히 오렌지를 많이 살수록 치러야 하는 돈은 많아질 텐데요. 관계를 알아보려면 어떤 방법을 사용해야 할까요? 여러분이 이미 학교에서 배운 것처럼 식을 세우거나 표로 그려보는 방법들이 있어요. 둘 다 사용해 볼까요?

[식 세우기]

(2000 × 오렌지의 무게) + (배달비) = (총비용)

오렌지 1kg 살 때, $(2000 \times 1) + 3000 = 5000$원

오렌지 2kg 살 때, $(2000 \times 2) + 3000 = 7000$원

[표 그리기]

오렌지의 무게(kg)	1	2	3	4	5	6	7	…
총비용 (원)	5,000	7,000	9,000	11,000	13,000	15,000	17,000	…

A 도매상은 오렌지의 무게에 상관없이 1kg이라도 사게 되면 배달비가 3,000원 발생하네요. 그리고 1kg씩 더 살 때마다 2,000원이 추가되는 관계에 있네요.

이번에는 B 마트를 한번 알아볼까요? B 마트는 A 도매상보다는 오렌지의 값은 비싸지만, 배달비가 없네요. B 마트도 식을 세우고 표를 그려서 관계를 찾아볼게요.

[식 세우기]

3000 × (오렌지의 무게) = (총비용)

오렌지 1kg 살 때, 3000 × 1 = 3000원

오렌지 2kg 살 때, 3000 × 2 = 6000원

[표 그리기]

오렌지의 무게(kg)	1	2	3	4	5	6	7	…
총비용 (원)	3,000	6,000	9,000	12,000	15,000	18,000	21,000	…

B 마트는 배달료가 없으니 오렌지 1kg당 3,000원씩 지불하면 되는군요.

A 도매상과 B 마트의 관계를 각각 알아봤는데요. 문제는 이 관계를 그래프로 나타내야 한다는 것입니다. 우리가 3교시에 배웠던 막대그래프나 띠그래프는 특별한 수학적 관계는 없었는데, 이 그래프에는 함수관계가 있기 때문이죠. 이런 함수관계를 나타내는 그래프를 함수그래프라고 한답니다.

이때 '오렌지의 무게' 처럼 변하는 양을 '변량' 이라고 하고 대부분 식에서 x를 사용한답니다. 그리고 '총비용' 과 같이 x가 변할 때마다 달라지는 양은 y를 사용한답니다.

그렇다면 A 도매상과 B 마트의 관계를 함수식으로 나타내 봅시다.

A 도매상 : $y=3000+2000x$ $(x \geq 0)$

B 마트 : $y=3000x$ $(x \geq 0)$

이제 이 두 식을 가지고 함수그래프를 그려볼 거예요.

함수그래프에서는 가로축과 세로축이 정해져 있어요. 가로축은 변량인 x의 값, 세로축은 y의 값을 나타낸답니다.

눈금은 너무 좁지도 않고 넓지도 않게 정해야 하는데요. 대부분 x는 1부터 시작하고, y는 x가 1일 때의 값을 시작으로 증가 또는 감소하는 양을 생각하면서 정해 준답니다.

여러분 수직선 알죠? 수직선이 가로로 하나, 세로로 하나 있다고 생각하면 쉬울 것 같네요. 앞의 두 함수식을 그래프로 나타내는 방법은 간단해요. x가 1일 때, y가 나타내는 값을 점으로 찍어 주면 돼요.

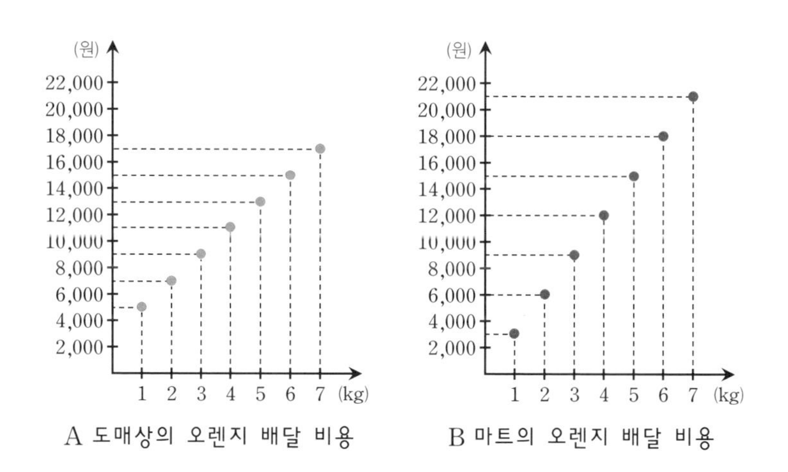

A 도매상의 오렌지 배달 비용　　B 마트의 오렌지 배달 비용

두 그래프를 그려 보았는데요. 종이가 매우 크다면 오른쪽과 위로 한없이 연장되겠죠. 하지만, 대부분 함수그래프는 그 관계를 확인하는 것이 목적이기 때문에 관계를 알 수 있을 정도만 그린답니다.

이제 A 도매상과 B 마트 중에서 선택해야 하는데요. 선택을 하려면 더 저렴한 쪽을 골라야겠죠? 자~! 두 그래프를 보면서 1kg, 2kg, 3kg, …일 때를 각각 비교할 수도 있지만, 그래프의 장점을 살려서 한눈에 알아보려면 두 그래프를 합쳐 보는 거예요.

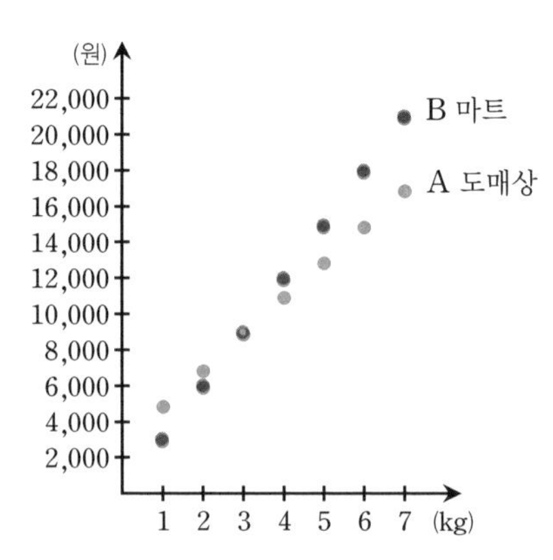

A 도매상과 B 마트의 오렌지 배달 비용

이렇게 두 그래프를 합쳤더니 한눈에 확 들어오죠? 우리는 더 저렴한 가게를 선택해야 해요. 그러니 점이 더 낮은 곳에 찍힌 가게가 어느 곳인지 알아봐야겠죠.

어! 가만 보니 3kg일 때는 두 점이 겹쳤네요. 이럴 때는 A 도매상과 B 마트 중 어떤 상점을 선택해도 값이 똑같다는 것입니다. 1kg~2kg까지는 B 마트를, 4kg 이상일 때는 배달료를 주더라도 A 도매상이 더 저렴하군요.

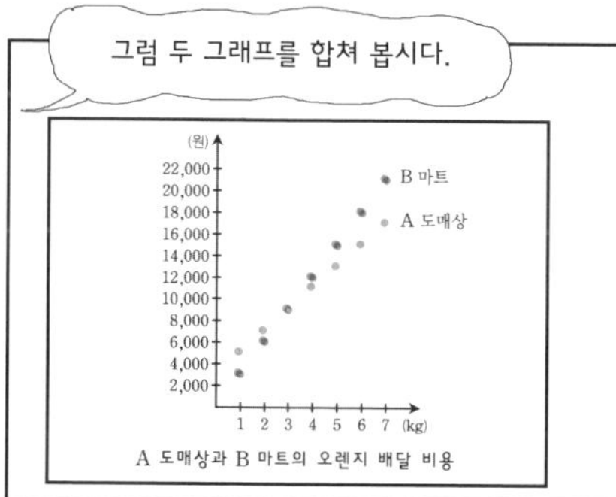

함수그래프는 x, y의 값에 따라 그리는 그래프이기 때문에 조금만 연습하면 아주 쉽게 그릴 수 있어요. 처음에는 모눈종이처럼 눈금이 있는 종이에 연습하면 더 쉽답니다. 그리고 실생활에는 함수관계를 가지는 것이 많이 있기 때문에 도움도 많이 됩니다.

우리가 그려본 함수그래프는 점으로 찍혀 있었죠? 하지만 오렌지가 1kg씩 딱 떨어지지 않잖아요? 그렇다고 1kg이 넘으면 오렌지 반쪽을 잘라버리지도 못하고요. 그래서 위의 함수관계를 그래프로 더 정확하게 나타내려면 각 점을 선으로 연결해야 합니다. 오렌지가 2.5kg일 때도 값은 정해져야 하니까요.

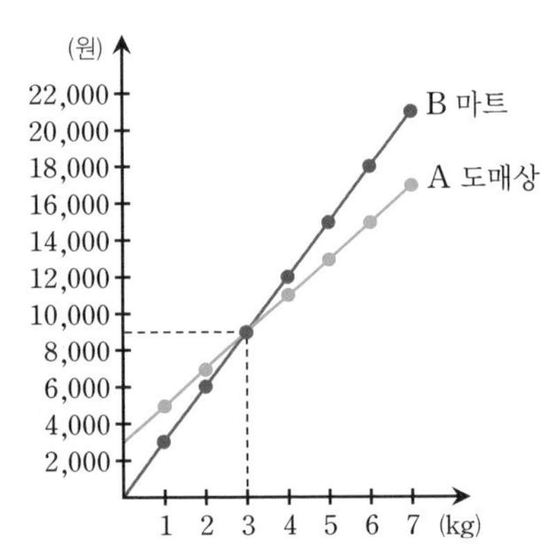

A 도매상과 B 마트의 오렌지 배달 비용

대부분 함수그래프는 오른쪽과 같은 직선이거나, 좀 더 복잡한 식에서는 곡선으로 나타나요. 함수그래프는 수학의 꽃이라고 할 수 있어요. 잊지 말자고요!

1. 함수는 두 수의 관계를 나타내는 수학개념입니다. 함수관계를 나타낼 때는 그래프를 이용하며, 다양한 형태의 그래프를 통해 함수관계를 유추할 수 있습니다.

2. 함수그래프는 가로축이 독립변수 x를 나타내며, 세로축이 종속변수 y를 나타냅니다. x가 변함에 따라 변하는 y의 값을 점이나 선으로 표현한 것이 함수그래프입니다.

3. 함수그래프는 독립변수 x의 성격에 따라 점으로 표현되거나, 선으로 표현됩니다. x의 값이 '사람 수'와 같이 딱 떨어지는 값이라면 점으로, 시간의 흐름과 같이 연결된 값이라면 선으로 표현됩니다.

5교시 함수그래프 해석하기

5교시 학습 목표

1. 다양한 함수그래프를 보고, 어울리는 상황에 맞는 그래프를 찾을 수 있습니다.
2. 정비례, 반비례 등 대표적인 함수관계를 이해할 수 있습니다.

미리 알면 좋아요

1. **정비례** x의 값이 2배, 3배로 변하면 y의 값도 2배, 3배로 변하는 관계에 있는 것을 말합니다. 예를 들어, 시속 100km로 달리는 자동차가 있다면 달린 거리는 시간이 2배, 3배로 증가할 때마다, 2배 3배로 늘어납니다. 이와 같은 관계를 정비례 관계라고 합니다.
2. **반비례** x의 값이 2배, 3배로 변하면 y의 값은 $\frac{1}{2}$배, $\frac{1}{3}$배로 변하는 관계에 있는 것을 얘기합니다. 예를 들어, 넓이가 일정한 직육면체에서 가로의 길이가 길어질수록 세로의 길이는 줄어드는 것과 같은 관계를 반비례 관계라고 합니다.

5교시

문제

1 다음 함수그래프를 보고 각 상황에 가장 어울리는 그래프를 찾으시오.

(1) 4계절의 평균 온도 변화

(2) 상수네 가족 수의 변화

(3) 가열 시간이 지남에 따른 물의 온도 변화

(4) 가득 찬 욕조의 마개를 열었을 때, 시간에 따른 물의 높이 변화

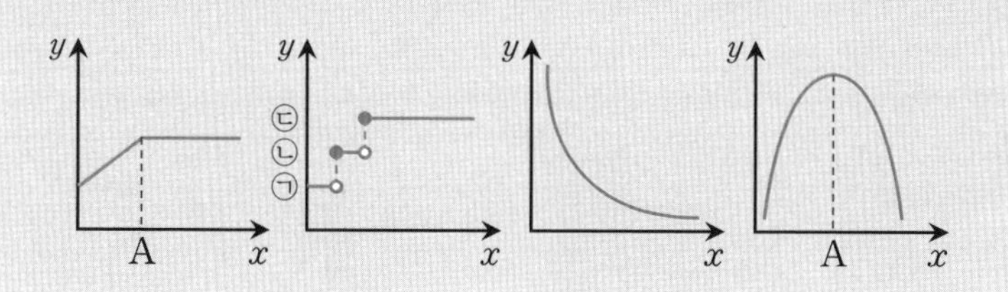

우와! 다양한 함수그래프들이군요. 처음 본 모양들이 대부분이죠? 우리가 지난 시간에 그린 그래프와는 또 다른 모양들이에요. 이번 시간에는 함수그래프를 해석해 볼 거예요. 그래프를 읽는 방법을 배우는 거죠. 그래프를 읽게 되면, 많은 정보를 찾아낼 수 있답니다. 그 정보들 속에서 앞의 문제의 답도 찾을 수 있을 거예요.

앞의 네 그래프에서 공통점이 있어요. 발견했나요? 바로 가로축, 즉 x의 값은 시간의 변화네요. 네 가지 상황 모두 시간이 변함에 따라 달라지는 양들에 대해서 나타낸 그래프니까요.

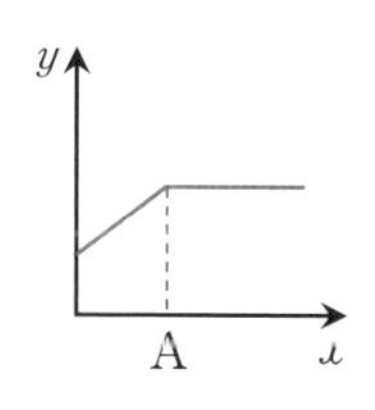

먼저, 첫 번째 그래프부터 볼까요?

첫 번째 그래프는 직선이 한 번 꺾여 있네요. 이 그래프를 앞부분의 직선과 뒷부분의 직선으로 나누어 볼게요.

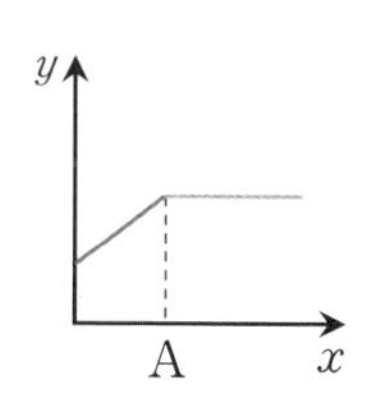

앞부분만 따로 떼어내어 봤어요. 이 부분은 x의 값이 변할 때마다 y 값은 증가하죠? 이런 형태를 가지고 있는 함수의 관계를 **정비례**라고 한답니다. **x 값이 1배, 2배, 3배로 변하면, y 값도 1배, 2배, 3배로 커진다!**

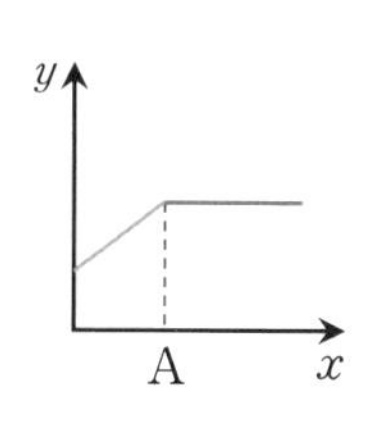

이번에는 뒷부분만 따로 떼어내어 봤어요. 이 부분은 직선으로 되어 있네요. 그리고 x의 값이 증가해도 y의 값은 변하지 않는군요. 이때는 x 값에 상관없이 y 값은 하나예요.

첫 번째 그래프를 종합해 봅시다.

시간이 지남에 따라 처음에는 증가하다가 어느 시점A이 되면 y 값이 변하지 않고 일정하군요. 이런 관계와 어울리는 상황은 어떤 것이 있을까요? 네 가지 상황 중에서 두 가지 정도가 어울릴 것 같은데요. 찾았나요?

바로 〈2. 상수네 가족 수의 변화〉와 〈3. 가열 시간이 지남에 따른 물의 온도 변화〉죠. 둘 다 처음에는 증가하죠. 가족 수도 증가하고, 상수의 키도 점점 크니까요. 하지만, 둘 중에서 하나만을 골라야 합니다. 둘 중에서 첫 번째 그래프를 나타내는 상황은 무엇일까요?

먼저, 〈3. 가열 시간이 지남에 따른 물의 온도 변화〉를 살펴볼까요? 물을 가열하기 전에 그 물은 어떤 온도를 가지고 있겠죠? 이 물은 가열하기 시작하면 물의 온도가 점점 높아질 것입니다. 하지만 물의 온도는 무한대로 높아지진 않죠? 물의 온도는 100℃이상으로 올라갈 수 없거든요. 이처럼 가열시간이 지남에 따라 물의 온도가 처음에는 꾸준히 올라가다가 어느정도

시간이 지난 후로는 물의 온도가 더 이상 올라가지 않을 때 이 그래프 형태가 나올 수 있어요.

가열할수록 물의 온도가 높아질 때는 그래프 앞부분처럼 기울어진 직선 모양이 되고, 100℃가 되어 물의 온도가 더 높아지지 않을 때는 그래프 뒷부분과 같은 직선 모양이 되는 것이죠. 그래서 첫 번째 그래프는 〈3. 가열 시간이 지남에 따른 물의 온도 변화〉를 나타낸 것이에요.

그렇다면 〈2. 상수네 가족 수의 변화〉는 왜 아닐까요? 상수의 가족 수는 처음에는 부모님 두 분이었을 거예요. 그리고 상수가 태어나면 3명, 상수 동생이 태어나면 4명이 되죠. 사람 수는 2, 3, 4, …처럼 자연수로 딱 떨어지잖아요. 사람 수를 2.4명으로 나타내진 않죠? 그런데 첫 번째 그래프를 보면 처음 부분이 비스듬한 직선으로 연결되어 있어요. 어느 시점에는 2와 3의 사이인 2.5가 있을 수 있다는 얘기죠. 하지만, 상수의 가족 수는 2와 3 사이의 수를 가질 수 없잖아요? 그래서 〈2. 상수네 가족 수의 변화〉는 첫 번째 그래프와는 어울리지 않답니다. 이제 알았죠?

자. 이제 조금 더 깊이 들어가 볼까요? 이 그래프에서 x 값은 무엇을 나타낼까요? 시간의 변화이니까, 가열한 시간이 되겠네요. 그렇다면, y 값은 물의 온도가 되겠죠?

마지막 질문! 그래프에서 A 시점을 기준으로 해서 y 값이 증가하지 않는데, 이 A 시점은 언제일까요? 물의 온도가 더 높아지지 않을 때100℃지요. 그래프는 간단해 보여도 많은 정보를 주고 있어서 이 정보들을 찾아내는 재미가 꽤 쏠쏠하답니다.

두 번째 그래프로 넘어가 볼까요?

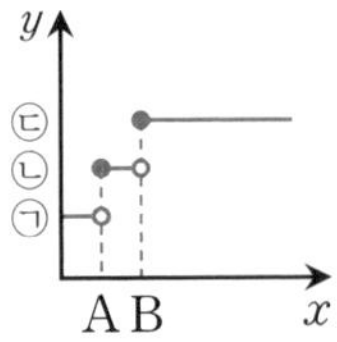

이런 그래프 본 적 있나요? 모양이 참 신기하죠? 이렇게 계단 모양으로 되어 있는 그래프는 '가우스 함수'를 그래프로 나타냈을 때 볼 수 있습니다. 가우스라는 수학자가 처음으로 사용했거든요. 이 계단 모양 그래프를 한번 해석해 봅시다.

처음부터 A 시점 전까지는 y 값이 일정해요. 그러다가 A 시점이 되면 한 칸 쑥 올라가고요. 그리고 또다시 B 시점 전까지는 일정한 값을 유지하다가 B 시점이 되면 또 한 칸 쑥 올라가네요. 변하지 않다가 특정한 시점이 되면 바로 다음 값으로 넘어가 버리는데요. 위의 네 가지 상황에서 찾는다면 무엇과 어울릴까요?

〈2. 상수네 가족 수의 변화〉와 어울릴 것 같다는 생각이 드나요? 상수의 가족 수는 2, 3, 4와 같이 자연수로 딱 떨어져야 해요. 2.2나 3.8과 같은 가운데 수들은 존재할 수 없어요. 그래프를 보면 B 시점 이후로는 변하지 않아요. 가족 수도 더 변하지 않을 때가 생기죠? 그래서 두 번째 그래프는 〈2. 상수네 가족 수의 변화〉를 나타낸 그래프예요.

이 그래프도 더 자세히 알아볼까요? 이 그래프에서 x는 무엇을 나타내는 것일까요? 시간의 변화 중에서도 특별한 해를 나타내겠죠? 아마 시작은 상수네 어머니와 아버지께서 결혼하

신 연도가 되겠네요. 그리고 A 시점은 상수가 태어난 해, B 시점은 상수 동생이 태어난 해네요. 그렇다면, y는 당연히 상수의 가족 수를 나타내겠죠?

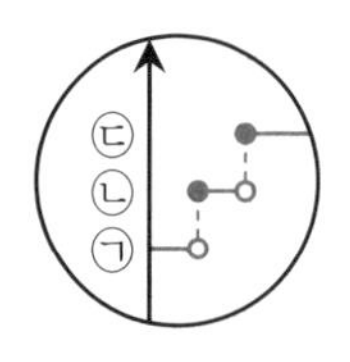

계단 모양으로 되어 있는 그래프 부분을 좀 더 확대해서 자세히 들여다 보세요. 동그란 점들이 찍혀 있어요. 어떤 점은 색이 칠해져 있고, 어떤 점은 색이 칠해져 있지 않네요. 이 점들의 의미가 무엇인지 궁금하지 않나요?

이것은 바로 특정 A 시점과 B 시점의 y 값을 나타내는 표시예요. A 시점과 B 시점과 같이 계단 모양이 꺾이는 부분에는 색이 칠해져 있는 값으로 읽는 거예요. 그러니까 A 시점의 가족 수는 ㉡명, B 시점의 가족 수는 ㉢명이 되는 거죠. 이렇게 정해 주지 않으면 A 시점에서 ㉠명도 되고, ㉡명도 되어야 하는데 실제로 가족의 수가 그럴 순 없잖아요.

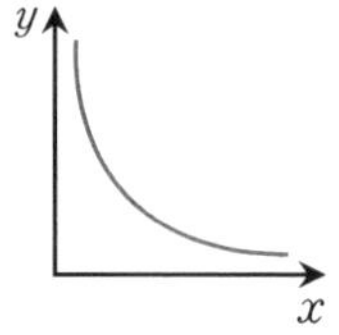

세 번째 그래프로 넘어옵시다.

세 번째 그래프는 부드러운 곡선으로만 되어 있네요. 그런데 방향이 조금 다르군요. 이 그래프는 시간이 지남에 따라 y의 값이 감소하네요. 이 그래프처럼 **x가 2배, 3배로 변함에 따라 y 값은 $\frac{1}{2}$배, $\frac{1}{3}$배, $\frac{1}{4}$배로 변하는 관계를 '반비례'**라고 합니다.

네 가지 상황 중에서 시간이 지남에 따라 y 값이 작아지는 것에는 무엇이 있죠? 바로 〈4. 가득 찬 욕조에 마개를 열었을 때, 시간에 따른 물의 높이 변화〉예요. 처음에는 가득 찬 욕조 안의 물이 시간이 지나면서 점점 빠지죠. 그리고 결국에는 물의 높이가 '0' 이 되어 버리잖아요. 그래서 세 번째 그래프는 4번 상황을 나타낸 그래프가 되겠군요.

이 그래프의 자세한 값을 알아볼까요? x 값은 시간이에요. 욕조에 물이 빠지는 것은 '분' 을 단위로 하면 적당하겠군요. 그리고 y 값은 욕조 안의 물 높이겠죠? 이제 x, y 값을 구하는 것은 너무 쉽죠?

마지막 네 번째 그래프예요.

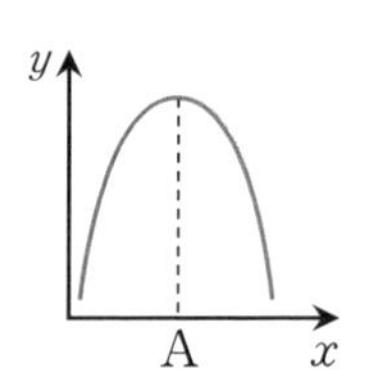

어떤 특정 시점A을 기준으로 증가하다가, 감소하는 양은 어떤 상황과 관련이 있을까요? 〈1. 4계절의 평균 온도 변화〉와 짝지을 수 있겠어요? 봄부터 여름까지는 온도가 올라가다가 가을과 겨울이 되면 다시 온도가 내려가잖아요. 이 그래프의 x 값은 시간의 변화니까 '월'로 나타낼 수 있겠네요. 그리고 y 값은 온도℃가 되겠고요. 그렇다면, 이 그래프의 A 시점은 언제일까요? 가장 더운 8월이 되겠네요. 아주 간단한 그래프지만 많은 정보를 찾을 수 있죠?

앞의 네 개의 그래프를 해석하면서 가장 중요한 것은 무엇일까요? 함수그래프는 x와 y 사이의 관계를 나타내는 것이 목적이잖아요. 그러니까 당연히 x, y 사이의 관계를 나타내는 '정비례', '반비례', '변화없음'과 같은 것들이 중요해요. 커다란 해석을 먼저 한 뒤에 세부적인 해석을 덧붙이면 더 훌륭한 그래프 해석이 된답니다. 앞의 네 개의 그래프는 많은 정보를 생략했어요. 여러분이 스스로 알아볼 수 있도록 일부러 빼버렸거든요. 아래에는 위 네 그래프의 완성된 그래프랍니다. 어떤 정보를 더 찾을 수 있는지 알아보세요.

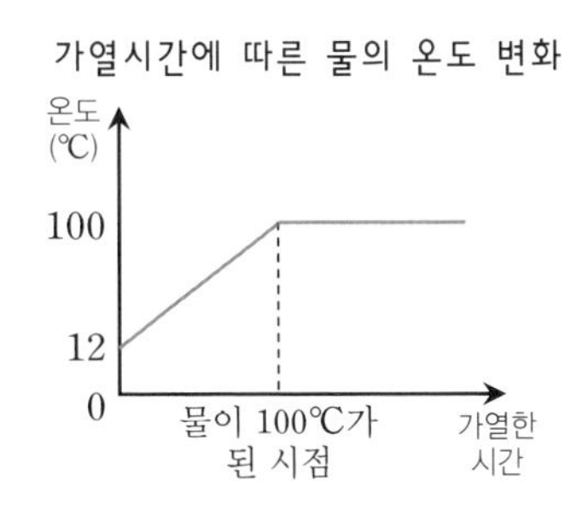

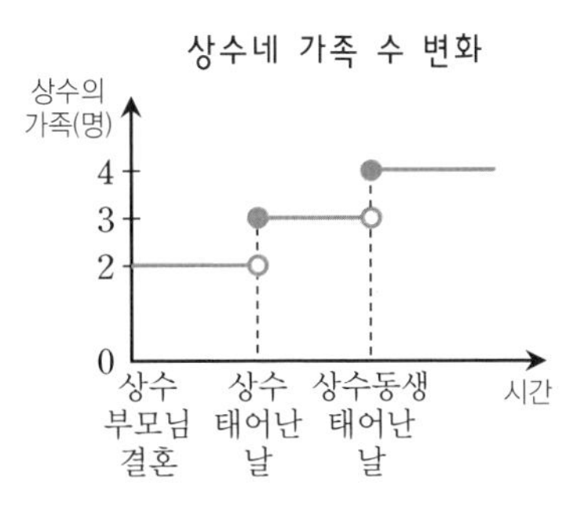

욕조 마개를 연 후,
욕조 속 물의 높이 변화

욕조속
물높이
(cm)
0
시간(분)

4계절의 평균온도 변화

온도
평균(℃)
32
25
영하
2°
봄 여름 가을 겨울 계절

꼭 알아둡시다

1. 다양한 함수관계 중 대표적인 것은 '정비례', '반비례', '변화없음' 입니다.

2. 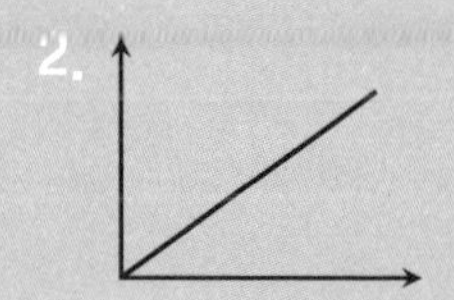

정비례 그래프는 x의 값이 2배, 3배로 변할 때, y의 값도 2배, 3배로 변합니다.

3. 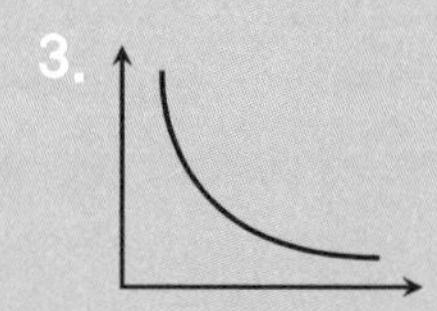

반비례 그래프는 x의 값이 2배, 3배로 변할 때, y의 값은 $\frac{1}{2}$배, $\frac{1}{3}$배로 변합니다.

4. 우리 생활에서 많은 부분은 함수관계에 있으며, 그래프로 나타낼 수 있습니다. 바꾸어 말하면, 함수그래프를 이용하여 생활을 유추하거나 예측할 수 있습니다.

통계는 집단에서 일어난 현상을 숫자로 변형시켜

새로운 자료로 만들어 낸 것입니다.

통계 자료를 그래프로 표현한 통계그래프는

경제, 사회, 문화 등 여러 방면에서

활발히 활용되고 있습니다.

6교시 통계를 그래프로 그리기

6교시 학습 목표

1. 통계에서 사용되는 기본 용어를 알 수 있습니다.
2. 통계 자료를 그래프의 축과 간격을 설정하여 통계그래프로 그릴 수 있습니다.

미리 알면 좋아요

1. **통계** 통계란 집단에서 일어나는 현상을 숫자로 나타낸 것입니다. 대상들로부터 정보를 수집, 의미 있는 방법으로 분류, 정리합니다. 또한 그래프를 그림으로써 새로운 정보를 알 수 있으며 사건의 원인이나 결과의 발견, 미래의 사건 예측 등에 이용됩니다. 통계는 실생활에 자주 사용되고 있으며, 수학에서도 아주 주목받고 있습니다.
2. **도수** 통계에서는 대부분 계급 간격을 나눕니다. 각 계급, 간격에 속해 있는 변량의 수를 도수라고 합니다. 예를 들어, 일주일 중에 평균 기온이 15~20℃인 요일이 월, 수, 목요일이라면 이때의 도수는 3이 되는 것입니다.
3. **히스토그램** 도수가 분포되어 있는 정도를 그래프로 나타낸 것입니다. 대부분의 히스토그램은 막대기들이 연결되어 있는 형태로 나타내고, 이 막대기들을 연결하여 만든 꺾은선그래프로 나타내기도 합니다. 히스토그램은 막대그래프와 비슷하지만 엄연히 다릅니다. 히스토그램은 가로축이 계급이 되기 때문에 연속된 자료를 나타내지만 막대그래프는 비연속 자료도 나타낼 수 있기 때문입니다.

문제

1 다음은 지환이네 반 학생들이 1분 동안 윗몸일으키기를 한 기록을 나타낸 것입니다. 윗몸일으키기 기록을 잘 알아볼 수 있도록 이 자료를 히스토그램으로 나타내어 보시오.

윗몸일으키기 기록

(단위 : 회)

25	33	18	41	27	23	38	36	44	67
40	25	49	22	56	24	28	37	57	34
12	31	42	51	39	23	31	19	41	20
61	28	35	36	60	23	28	43	58	32

여러분 혹시 윗몸일으키기 잘하나요? 지환이네 반에서는 윗몸일으키기를 하고 그 기록들을 숫자로 정리해 놓았네요. 하지만, 윗몸일으키기를 몇 개를 해야 평균이 되는지, 몇 개가 최고 기록인지 알 수가 없네요. 이럴 때 그래프가 도움되죠.

이제부터 이 숫자들을 그래프로 정리해 볼 거예요. 준비됐죠?

히스토그램은 통계에서 사용되는 그래프예요.

그렇다면 '통계' 는 무엇일까요? 통계는 어떤 집단에서 일어나는 상황을 숫자로 정리한 것이에요. 예를 들어 출산율의 변화, 한 가구당 자동차 보유 수, 쌀 생산량과 같은 것들이죠. 우리가 뉴스에서 자주 접하는 자료들은 대부분 통계 자료에 속합니다.

이런 통계 자료들을 눈으로 보기 쉽게 그래프로 자주 표현하는데요. **통계그래프 중에서 도수**한 계급에 속하는 변량의 수**가 얼마나 퍼져 있는지를 알 수 있는 것을 히스토그램이라고 하죠.**

통계그래프는 종류가 아주 다양하답니다. 대부분의 그림그래프가 통계그래프로 사용되죠. 통계 자료로 정리만 잘하면 그래프로 나타내기 아주 쉽답니다. 이제 진짜 히스토그램을 한번 그려 보자고요.

그래프를 그리는 순서부터 기억해 볼까요?

(1) **자료를 정리한다**

계급을 정하고, 각 계급에 해당하는 변량을 정리한다.

(2) **가로축과 세로축의 값을 정한다**

대부분 계급을 가로축에, 도수를 세로축에 정한다.

(3) **그래프를 그린다**

그래프의 틀을 그리고 가로축, 세로축에 맞는 값을 막대로 표현한다.

앞의 순서는 그림그래프를 그리는 순서랍니다. 하지만, 대부분의 다른 그래프도 이 순서대로 그리면 문제없다고요. 히스토그램도 마찬가지예요. 이제 각 단계에 맞추어서 직접 그래프를 그려 봅시다. 이제부터 처음 보는 단어들이 나올 거예요. 하지만, 겁먹지 말아요. 너무 쉽거든요.

(1) 자료를 정리하다

계급을 정하고, 각 계급에 해당하는 변량을 정리한다.

계급이란, 윗몸일으키기 기록을 몇 개의 덩어리로 묶어놓은 거예요. 0～10개, 11～20개, …. 이렇게 나누어 보는 거죠. 이 계급을 나누는 것은 아주 중요해요. 어떻게 나누느냐에 따라서 그래프의 모양이 달라지기도 하고, 아예 잘못된 그래프가 되어 버릴 수도 있거든요.

변량은 직접적인 자료 값이에요. 윗몸일으키기를 25번 했다면 '25'가 하나의 '변량'이 되는 거죠.

자! 이제 계급에 따라 표를 그려 봅시다. 왼쪽에 있는 여러 변량 중 가장 큰 값과 작은 값을 한번 찾아볼까요? 가장 큰 값은 67회이고, 작은 값은 12회네요. 그럼 구간의 시작과 끝이 정해졌네요.

25	33	18	41	27	23	38	36	44	67 (가장 큰 값)
40	25	49	22	56	24	28	37	57	34
12 (가장 작은 값)	31	42	51	39	23	31	19	41	20
61	28	35	36	60	23	28	43	58	32

이것을 몇 개의 계급으로 나눌 것인지는 그리는 사람 마음이에요. 우리는 한 계급이 윗몸일으키기가 10회이 되도록 나누어 볼까요? 그리고 각각의 변량을 해당하는 계급에 표시(/)하면 되는 거예요. 그러면 각 계급에 속하는 변량의 개수가 몇 개인지 나오게 되겠죠?

기록(회)	0~10 (계급)	11~20	21~30	31~40	41~50	51~60	61~70	합계
		////	卌 卌 /	卌 卌 //	卌 /	卌	//	
학생수(명)	0 (변량)	4	11	12	6	5	2	40

여기까지 완성되었다면 자료 정리는 끝난 거예요. 조금 귀찮은 작업이긴 하지만 그래프를 그리는 데 있어서 가장 중요하고 민감한 작업이에요. 그러니까 실수하면 안 되겠죠? 다음은 그래프의 가로축과 세로축을 정할 거예요.

(2) 가로축과 세로축의 값을 정한다

대부분 계급을 가로축에, 도수를 세로축에 정한다.

도수란 각 계급에 속하는 변량의 개수예요. 앞의 표를 보면 윗몸일으키기를 11회에서 20회 사이에 한 학생이 4명이죠? 이때 '4'가 도수가 된답니다. 히스토그램은 대부분 각 계급에 따른 도수의 양을 비교하기 위해서 그려요. 그러니까 계급과 도수가 주인공이 되어야겠죠?

그래프는 오른쪽, 왼쪽 길이를 비교하는 것보다는 아래, 위 높이를 비교하는 것이 더 편해요. 그래서 높낮이로 도수를 표현하려고 가로축에는 계급, 세로축에는 도수를 나타내는 것이죠. 이 문제에서는 가로축은 각각 0～10, 11～20, 21～30,

…, 61～70이 들어가고 세로축에는 도수가 가장 작은 '0' 부터 '12' 까지를 나타낼 수 있게 그래프를 그리면 되겠군요.

그림그래프나 함수그래프에서는 가로, 세로축을 정하기 쉬웠어요. 하지만, 통계그래프를 그릴 때는 각 축을 신중히 선택해야 합니다. 그래서 통계그래프가 그리기 까다롭죠.

하지만, 통계그래프를 그리는 목적을 생각한다면 어렵지 않을 거예요. '어떻게 하면 자료들 사이의 관계나 차이를 쉽게 볼 수 있을까?' 에 대해서 연구하면 축을 선택하고, 각 단계를 나누기가 조금 더 쉬워질 거예요.

(3) 그래프를 그린다

그래프의 틀을 그리고 가로축, 세로축에 맞는 값을 막대로 표현한다.

이제 그래프를 직접 그려볼 텐데요. (1), (2)단계를 충실히 했다면 (3)단계는 식은 죽 먹기예요. 그래프의 가로축에는 계급,

세로축에는 도수를 표시해 놓고 각 계급에 맞는 도수를 표시해서 그려주면 끝이거든요.

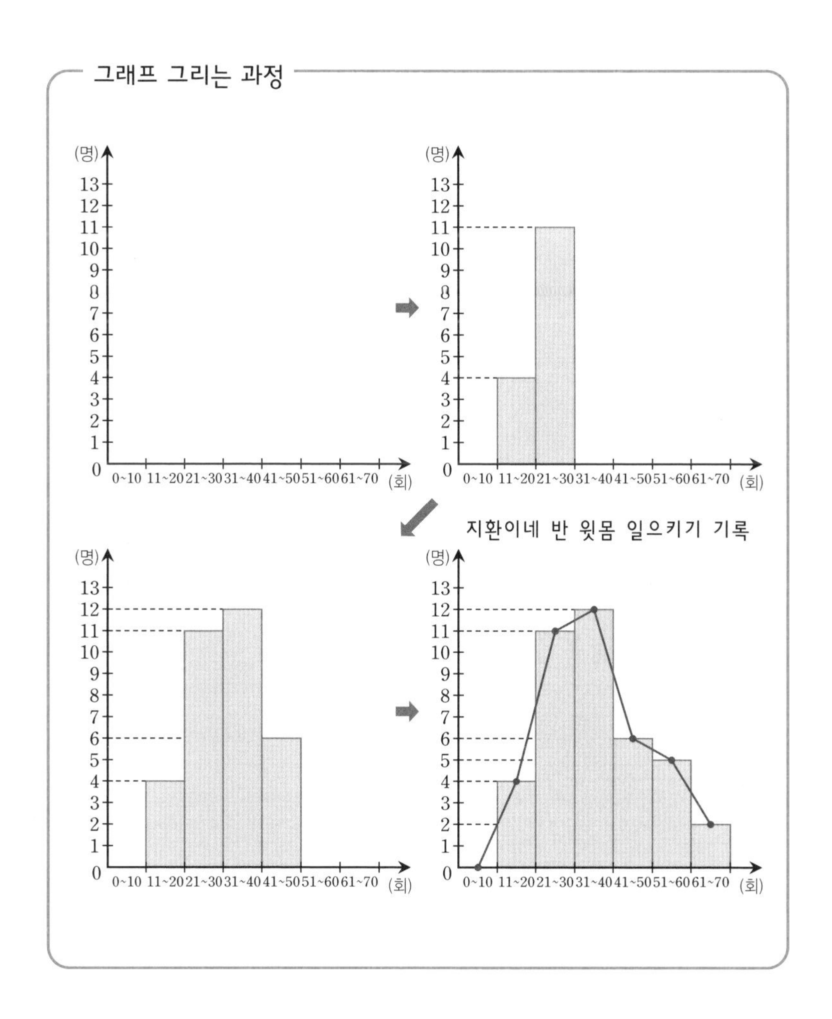

그리고 가끔은 각 막대기의 꼭대기에 점을 찍어서 그 점끼리 연결해 주기도 한답니다. 이것을 **도수 꺾은선**이라고 해요.

히스토그램 그리기 생각보다 쉽죠? 그런데 앞에서 배운 막대그래프와 히스토그램이 비슷하게 생기긴 했는데요. 혹시 차이점을 찾았나요?

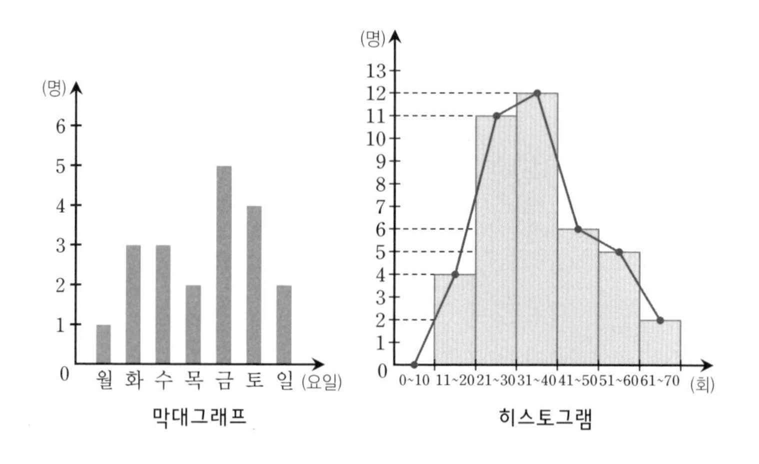

차이점은 바로 막대에 있습니다. 막대그래프에서는 막대끼리 서로 떨어져 있지만, 히스토그램에서는 막대끼리 붙어 있답

니다.

왜 그럴까요? 그 이유는 바로 자료의 성질이 다르기 때문이에요. 막대그래프의 가로축은 '요일'을 나타내죠. 이것은 정확하잖아요. 딱 떨어지는 값이에요. 하지만, 히스토그램의 가로축은 윗몸일으키기를 한 횟수를 나타내요. 0～10, 11～20, …의 계급으로 나뉘어 있네요. 따라서 이것은 자료가 연속되어 있어요.

자료가 연속되어 있으면 가운데 빈 곳이 있으면 안 되겠죠. 그래서 히스토그램의 막대는 서로 다닥다닥 붙어 있답니다. 이에 반해 월, 화, 수요일 같은 요일은 그 사이가 떨어져 있어도 그래프를 해석하는 데 있어서 오해가 생기지 않죠. 오히려 막대끼리 붙어 있으면 안 되죠. 월요일이기도 하고 화요일이기도 한 시간은 존재하지 않으니까요.

'0～10'과 같이 자료가 연속적인 성질을 가지고 있고, 셀 수 없는 자료를 '연속형 자료'라고 한답니다. 예를 들어 cm, kg, db소리 크기의 단위와 같은 것들이 있죠. cm는 1cm와 2cm

사이에 무수히 많은 cm이 존재하잖아요.

'요일'과 같이 자료가 독립적인 성질을 가지고 있고, 셀 수 있는 자료를 '비연속형 자료'라고 한답니다. 예를 들어 요일, 책 몇 권, 사건이 일어난 횟수, 물건의 개수, 사람의 수와 같은 것들이 있죠. 사람을 셀 때 2.5명은 셀 수 없잖아요?

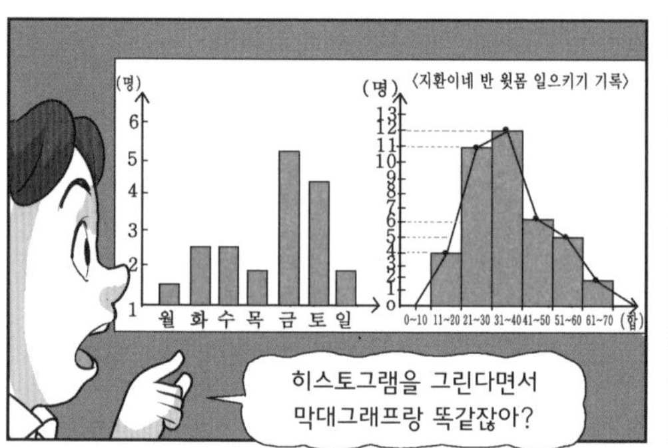

그러나 비연속형 자료이지만 그것이 계급으로 묶어져 있다면 연속형 자료가 되기도 해요. 위에서 그린 윗몸일으키기 횟수도 원래는 셀 수 있는 비연속형 자료지만 계급으로 묶음으로써 연속형 자료가 되었죠. 이처럼 자료의 성질에 따라서 그래프의 모양이 바뀌기도 한답니다.

1. 통계는 조사대상에서 얻은 정보를 숫자로 바꿔서 새로운 자료를 만들어 내는 활동입니다.

2. 통계그래프는 각 계급에 속한 변량의 수도수를 조사하여 나타낸 것입니다.

3. 통계그래프를 통해 두 변량 사이의 관계를 예측하거나 원인과 결과 등을 알 수 있습니다. 따라서 경제, 사회, 문화 등 여러 방면에서 활발히 활용되고 있습니다.

4. 자료는 셀 수 없는 연속형 자료와 셀 수 있는 비연속형 자료로 나눌 수 있습니다. 이 자료의 성격은 그래프의 축을 설정하거나 모양을 결정하는 데 중요한 역할을 합니다.

7교시
통계그래프
해석하기

7교시 학습 목표

1. 정규분포곡선의 특징을 알고, 주어진 정보를 찾을 수 있습니다.
2. 통계와 관련된 용어를 이해할 수 있습니다.

미리 알면 좋아요

1. **평균** 여러 대상이 가지는 값을 대표하는 값입니다. 구하는 방법은 전체 대상이 가지는 값들을 모두 더하고 나서 대상의 수로 나누어 줍니다. 예를 들어, 우리 모둠의 수학점수 평균을 구하려면 우리 모둠 학생들이 받은 점수를 모두 더하고 나서 우리 모둠의 인원수만큼 나누어 주면 평균점수를 구할 수 있습니다.
2. **편차** 각 변량의 값과 평균값과의 차이를 말합니다.
3. **분산** 각 편차의 제곱의 합을 전체 변량의 개수로 나눈 것입니다.
4. **상대도수** 각 변량의 도수를 전체 도수의 개수로 나눈 것입니다. 만약 100명전체도수의 학생 중 70점변량을 받은 학생이 20명도수라면 70점의 상대도수는 20명÷100명=0.2입니다.
5. **정규분포곡선** 좌우 대칭의 종 모양의 곡선 형태를 지니고 있습니다. 적은 수를 대상으로 조사한 내용보다는 많은 수를 대상으로 조사한 내용에서 자주 나타납니다. 조사한 대상의 수가 많을수록 정규분포곡선을 따르는 경우가 많습니다. 대부분의 사회적인 통계에서 자주 나타나며 정규분포곡선형태가 가장 정상적인 형태라고 생각할 수 있습니다.

문제

1 다음은 민준이네 학교의 6학년 학생들 수학, 국어 점수를 나타낸 통계그래프입니다. 이 그래프를 보고, 다음 설명 중 틀린 것을 고르시오.

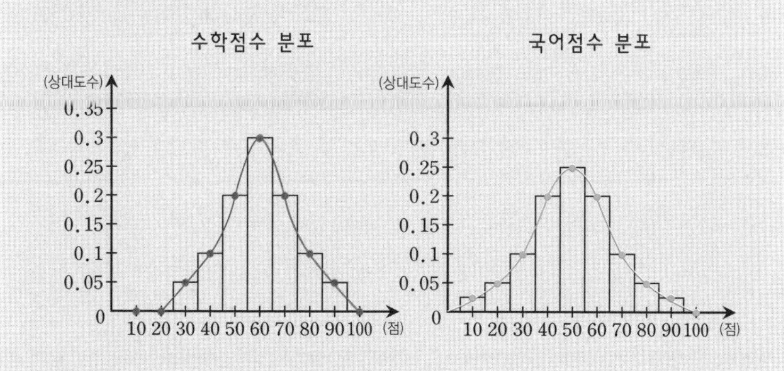

(1) 수학시험이 100점인 학생은 없다.

(2) 수학시험의 평균점수는 60점이다.

(3) 80점 이상의 점수를 받은 학생 수는 수학이 더 많다.

(4) 평균점수에 학생들이 몰려 있는데, 그 몰려 있는 정도는 국어가 더 심하다.

(5) 수학시험과 국어시험의 80점은 점수는 같지만, 등수는 다르다.

지난 시간에 통계그래프를 그려 보았죠? 이번에는 통계그래프를 해석해 볼 거예요. 문제의 두 그래프는 상대도수를 이용한 히스토그램이네요. 점수마다 속하는 학생 수도수를 상대도수로 표현했어요. 앞 시간에 배웠던 히스토그램은 각각의 점이 꺾은선으로 표현되어 있었는데 이번에는 곡선이네요.

곡선인 이유는 해당하는 자료의 값이 많기 때문이에요. 문제의 그래프는 6학년 학생 전체를 대상으로 조사한 내용이에요. 그러니까 사람들이 70점과 71점 사이에도 학생들이 존재하는 것이죠. 그래서 부드러운 곡선으로 이어지는 거랍니다.

앞의 두 그래프와 같이 종 모양이면서 좌우대칭인 그래프를 통계학에서는 **정규분포곡선**이라고 해요. 여기서 정규분포라는 것은 자료 값이 평균, 즉 중심으로 모여 있는 형태로 존재하는 것이죠.

벨기에의 케틀레L. A. J. Quetelet라는 통계학자는 우리 주변의 많은 것이 정규분포곡선을 따른다고 했어요. 예를 들어 한국

남자들의 키는 평균키인 173.5cm 근처에 가장 많이 분포합니다. 아주 작거나 큰 키에 속하는 사람들은 몇 안 된다는 것이죠. 이 정규분포곡선은 통계에서 아주 중요한 의미가 있답니다.

정규분포곡선에서 어떤 정보들을 얻어낼 수 있는지 알아봅시다.

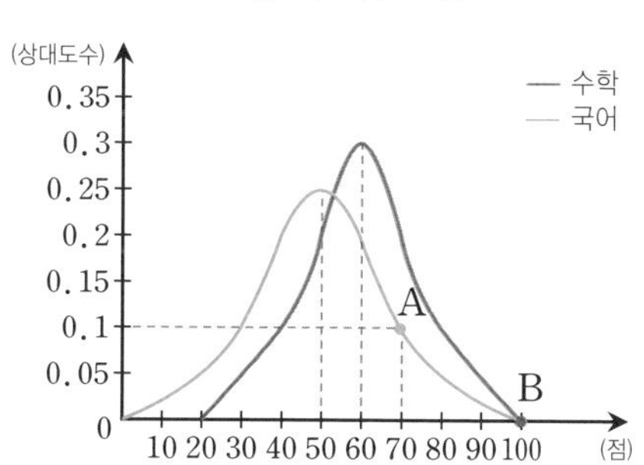

앞의 두 그래프를 비교하기 쉽도록 한 곳에 합쳐 보았어요. 청록색 그래프가 수학점수, 밝은 파란색 그래프가 국어점수예요. 한 점을 읽어 볼까요? A점은 가로축이 70점, 세로축이 0.1이네요. 이것은 국어점수가 70점인 학생이 전체인원 중 10% 있다는 이야깁니다. 쉽죠?

(1)번 설명은 바로 답이 나왔네요. 수학점수가 100점인 점을 찾아봅시다. 점 B를 보면 가로축과 만났네요. 가로축과 만났다는 얘기는 세로축 값이 존재하지 않는 거예요. 따라서 100점 맞은 학생이 '0' 명이라는 얘기가 되죠.

(1) **수학시험이 100점인 학생은 없다. (참)**

(2)번 설명으로 가볼까요? (2)번은 평균에 대한 얘기네요. 이렇게 정규분포를 이루는 그래프에서는 평균을 찾기가 아주 쉽답니다. 평균을 중심으로 종 모양으로 만들어진다고 했죠? 그래서 **평균은 가장 높이 솟아 있는 곳의 점수가 된답니다**. 그렇다면 수학시험의 평균점수는 몇 점일까요? 60점! 찾을 수 있나요? 국어시험의 평균점수는요? 50점이네요. 이제 (2)번 설명이 참인지 거짓인지 알 수 있을 것 같은데요?

국어 평균점수는 50점, 수학 평균점수는 60점. 수학시험이 국어시험보다 조금 쉬웠나 봐요. 평균점수로 시험의 난이도도 예상해 볼 수 있답니다.

(2) **수학 시험의 평균점수는 60점이다. (참)**

(3)번 설명을 알아볼까요? 80점 이상의 점수를 받은 학생 수를 물어보고 있네요. 위의 정규분포곡선도 하나의 상대도수를 이용한 히스토그램이었죠? 주어진 히스토그램에서 막대의 길이는 상대도수의 크기를 말해요. 막대가 길면 그 계급에 해당하는 도수가 많은 거죠. 정규분포곡선에서는 막대 대신에 넓이를 이용해요. 막대의 길이가 아니라 곡선으로 둘러싸인 부분의 넓이를 보고 해당하는 도수의 크기를 비교할 수 있답니다.

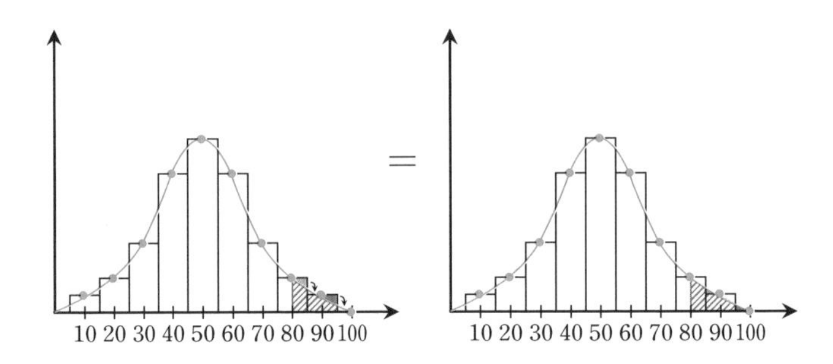

히스토그램 막대의 빗금친 부분의 넓이는
정규분포 곡선의 빗금 친 부분의 넓이와 같습니다.

두 정규분포곡선에서 80점 이상인 부분을 각각 색칠해 보았어요. 그 넓이가 넓으면 해당하는 도수가 많다고 할 수 있죠. 국어점수와 수학점수 중 색칠된 부분의 넓이가 넓은 과목은 무엇인가요? 수학이네요. 찾을 수 있겠죠?

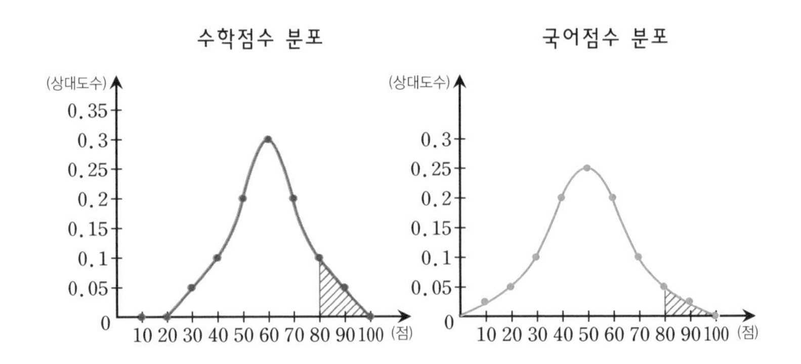

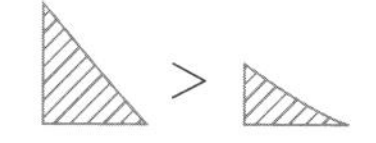

⑶ 80점 이상의 점수를 받은 학생은 수학이 더 많다.(참)

그렇다면, 전체 크기는 어떨까요? 곡선으로 둘러싸여 있는 두 그래프의 넓이 말이에요. 눈으로 바로 비교하기 좀 어렵지만, 두 넓이는 같답니다.

왜냐하면, 민준이네 학교의 6학년 학생은 수가 정해져 있잖아요. 전체 학생들이 각각 국어와 수학시험을 보았으니까 응시한 전체 학생 수는 같지요. 같은 수의 학생이 어디에 얼마만큼 분포했는지가 다른 것이죠.

⑷번 설명은 아주 중요한 얘기가 포함되어 있어요. 바로 통계에서 '분산'을 얘기하는데요. **'분산'이라 함은 자료가 흩어진 정도**를 얘기해요. 분산의 값이 크면 평균을 중심으로 했을 때 변량들이 많이 흩어져 있는 것이고요. 분산의 값이 작으면 평균을 중심으로 모여 있는 것이죠.

두 과목 점수를 봅시다. 수학점수가 60점평균점수을 중심으로 더 모여 있는 것을 볼 수 있나요? 그에 비해서 국어는 모여 있는 정도가 덜하잖아요. 그래서 (4)번 설명은 거짓이네요.

국어점수와 수학점수의 분산 값을 비교해 본다면 국어점수의 분산 값이 더 크네요. 흩어진 정도가 더 심하니까요.

(4) **평균점수에 학생들이 몰려 있는데, 그 몰려 있는 정도는 국어가 더 심하다. (거짓)**

(5)번 설명은 참, 거짓을 판단하기 쉬워 보이는데요? (3)번에서 국어과목에서 80점 이상의 학생이 더 많았죠? 점수가 높은 사람 순으로 줄을 섰다고 생각해보면 같은 80점이라도 서 있는 위치는 다르죠. 국어는 80점 이상인 사람이 수학보다 더 많잖아요. 점수는 같아도 등수는 달라요.

(5) 수학시험과 국어시험의 80점은 점수는 같지만 등수는 다르다. (참)

이것으로 알 수 있는 것은 우리가 평소에 실수를 많이 한다는 점이에요. 시험을 치고 난 뒤 오로지 점수만을 보고 잘함과 못함을 평가하잖아요? 점수만을 볼 것이 아니라 내 점수가 포함된 위치가 어디인지를 아는 것이 중요해요. 내가 60점을 받았어도 1등이 될 수 있는 시험도 있고, 내가 90점을 받았어도 100점 받은 학생이 만 명이라면 만 등이 넘을 수도 있는 것이죠. 그래서 통계그래프는 아주 중요하답니다. 전체의 상황이 어떤지 한눈에 볼 수 있고, 그 전체 속에 개인이 어디쯤 속하는지도 알 수 있으니까요.

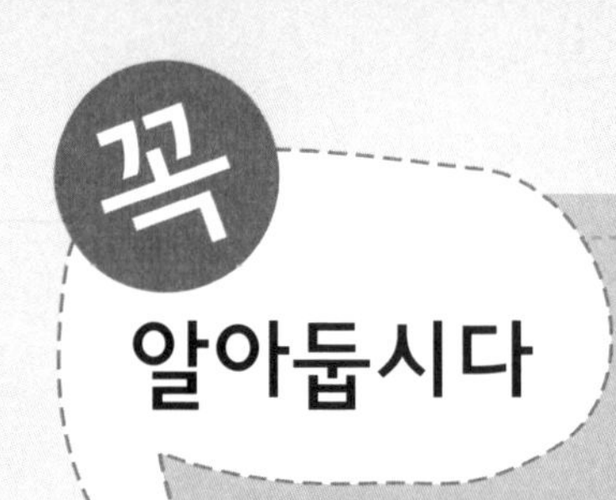

1. 정규분포곡선은 좌우 대칭의 종 모양의 그래프입니다. 이 그래프는 평균에 가장 많은 도수가 분포하고, 평균이랑 멀어질수록 그 도수가 적게 분포하는 관계에 있습니다. 따라서 지능지수나 키는 평균 주변에 많은 사람이 분포하고 있고 키가 아주 크거나 작은 범위에는 사람들이 적게 분포하는 것입니다. 말 그대로 정상적인 분포를 이룰 때 정규분포곡선으로 나타납니다.

2. 정규분포곡선에서 평균은 종 모양의 가장 높은 곳이 됩니다. 그리고 이 종 모양의 경사가 높고, 종 모양이 뾰족할수록 평균 근처에 많이 모여 있다는 것이므로 분산 값이 작습니다. 반대로 종 모양의 경사가 완만하고, 종 모양이 둥글수록 평균에서 멀리 흩어져 있다는 것이므로 분산 값이 큽니다.

3. 정규분포곡선을 통해서 조사한 통계 값이 정상수치를 따르는지 혹은 특이한 관계에 있는지를 알 수 있습니다. 따라서 정규분포곡선을 통계

학에서 자주 사용합니다.

4. 정규분포곡선에서의 종 모양의 넓이는 전체 도수를 나타냅니다. 따라서 같은 대상에게 조사한 자료로 정규분포곡선을 그렸다면 모양은 달라질 수 있어도 그 넓이는 일정합니다.

그래프를 보고 그다음 그래프의 형태까지

예측할 수 있어야 합니다.

그 형태만을 예측하는 것이 아니라

그 속에 숨어 있는 정보까지 예측할 수 있습니다.

8교시 그래프 예측하기

8교시 학습 목표

1. 제시된 그래프를 통해 그다음 그래프의 형태를 예측할 수 있습니다.
2. 그래프를 보고, 두 대상의 관계를 예측하고 이에 관한 기사문을 만들 수 있습니다.

미리 알면 좋아요

그래프 예측하기 그래프를 보고 그다음 그래프의 형태를 예측하는 것입니다. 그 형태만을 예측하는 것이 아니라 그 속에 숨어 있는 정보까지 예측할 수 있습니다. 그래프를 예측할 때에는 그래프의 앞, 뒤 정보를 충분히 파악하고 나서 신중히 예측해야 합니다. 그리고 예측한 정보는 사실이기보다는 사실과 가깝다고 할 수 있습니다. 따라서 그래프 해석과 예측에 책임감 있는 태도가 필요합니다.

문제

1 홍주는 강낭콩을 기르면서 키를 조사하였습니다. 그러나 화요일과 금요일에는 깜박하고 키를 재지 못했습니다. 다음은 홍주가 기르는 강낭콩의 키를 일주일 동안 조사하어 나타낸 표입니다. 그래프를 그리고 빠진 부분을 완성해 보시오.

요일	일	월	화	수	목	금	토
강낭콩의 키 (cm)	2	3	(　)	6	8	(　)	16

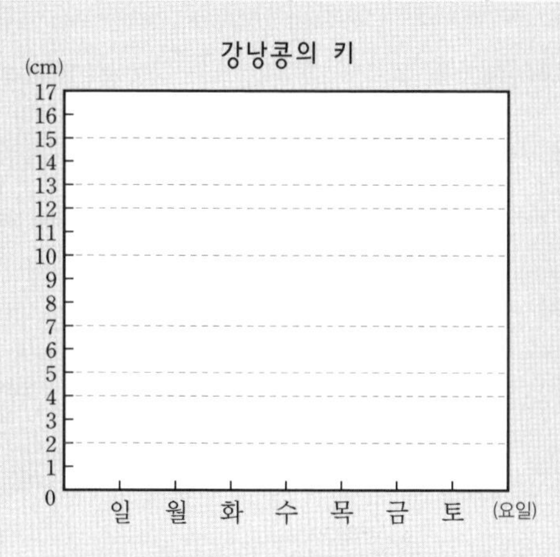

홍주가 기르는 강낭콩의 키를 나타낸 표군요. 자료가 제시되어 있기는 한데, 빠진 부분이 있어요. 우선, 아는 부분이라도 먼저 그래프로 나타내어 보면 해결책이 보일 것 같은데요?

앞 문제의 상황은 어떤 그래프로 나타내는 것이 가장 효과적일까요? 시간이 지남에 따라 변화하는 양을 나타내기에 가장 좋은 그래프는 꺾은선그래프예요. 이제는 그래프의 종류까지도 선택할 수 있어야 한다고요.

앞의 자료를 꺾은선그래프로 나타내 볼 텐데요. 먼저 가로축과 세로축을 정해야겠죠? 가장 읽기 쉽게 그리도록 가로축에는 요일, 세로축에는 강낭콩의 키를 나타냅니다.

가로축은 월요일부터 토요일까지 순서대로 넣어주면 되지만, 세로축은 우리가 한 칸을 몇 cm로 할 것인지를 정해야 합니다. 2cm부터 시작해서 토요일이 16cm이니까 한 칸을 1cm로 정해도 괜찮을 것 같아요.

이제 각 요일에 해당하는 키를 연결해서 점을 찍어 줍시다.

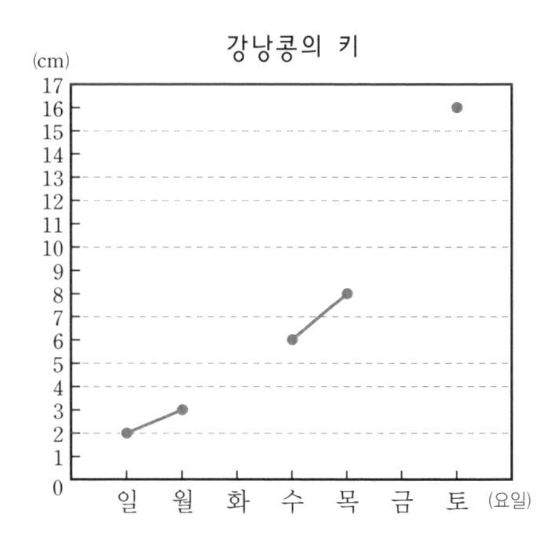

여기까지 하고 나니 빈칸이 확실히 보이는군요. 이제부터 빈 곳을 예상해서 채워 넣을 거예요.

화요일부터 예상해 볼까요? 월요일이 3cm, 수요일이 6cm네요. 3cm라면 이제 막 싹이 나기 시작한 강낭콩인가 봐요. 그러면 강낭콩의 키는 하루가 다르게 크겠군요. 화요일의 강낭콩의 키는 월요일보다는 크고, 수요일보다는 작은 키일 것 같은데요. 여러분도 충분히 예상할 수 있죠? 화요일은 3cm보다는 크고 6cm보다는 작은, 그 사이의 값일 거예요.

꺾은선그래프의 각 점은 삐뚤삐뚤 기울기의 변화가 있기보다는 자연스럽게 연결해야 합니다. 식물의 키는 꾸준히 조금씩 자라잖아요. 그래프를 먼저 그리고 그 값을 예상해 보면 화요일의 키는 4.5cm가 되겠군요.

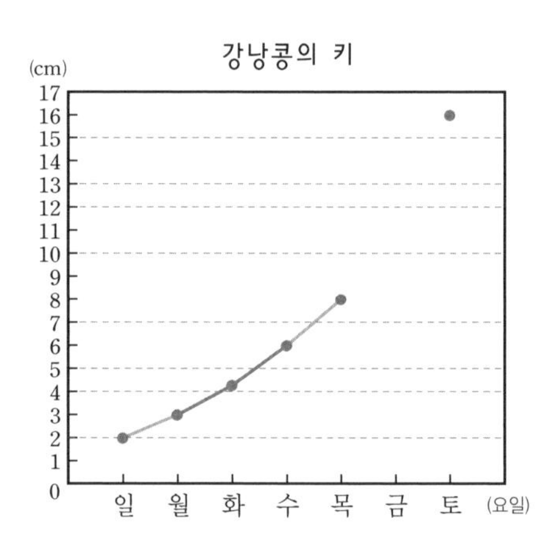

이제 금요일을 볼까요? 목요일은 8cm, 토요일은 16cm네요. 점점 더 빠른 속도로 크는군요. 이번에도 그래프의 두 점을 먼저 연결해서 금요일의 키를 알아보기로 해요. 금요일은 12cm 정도네요.

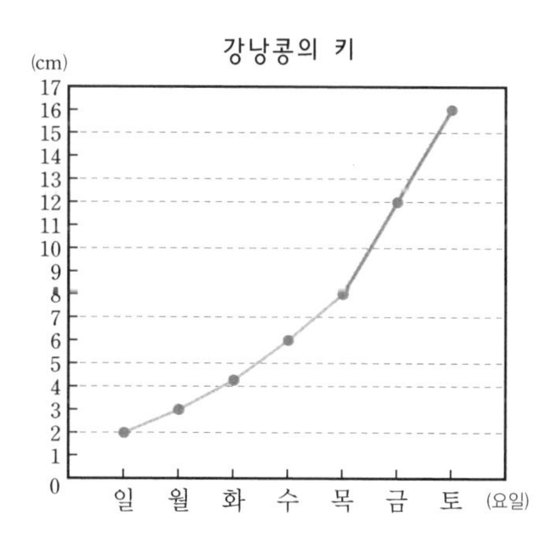

화요일과 금요일의 키는 예상한 것이에요. 정확하지는 않죠. 하지만, 만약에 자료가 없고 그래프를 그려 보지 않았다면 실제와 비슷하게 예상하는 것조차 아주 힘들었을 거예요.

강낭콩의 키와 같이 연속적인 변화와 증가, 감소의 상황에서는 그래프를 통해서 미래의 일을 예측하거나, 가운데 빠진 부분을 예상하기가 아주 편리하답니다.

문제

② 다음은 한 신문 기사에서 그래프만을 가져온 것이에요. 이 그래프를 보고, 우리가 직접 기사를 한번 써 봅시다.

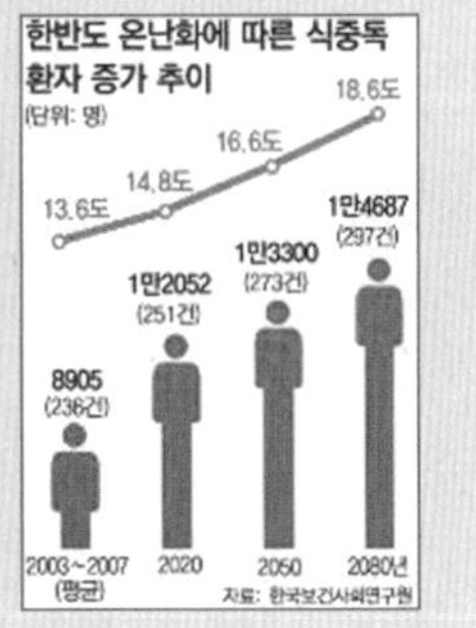

우선 그래프의 제목을 보니 '한반도 온난화에 따른 식중독 환자 증가 추이' 군요. 자료는 '한국보건사회연구원' 에서 만든 것이고요.

꺾은선그래프는 한국의 연평균 기온을 나타낸 것이에요. 지금은 13.6℃이지만, 2020년에는 1.2℃가 오른 14.8℃가 될 것으로 예상하고 있어요. 그리고 연평균 기온은 시간이 지나면서 조금씩 계속 오르는군요. 아래 사람 모양의 그림그래프막대그래프는 식중독 환자 수를 나타내었네요. 연평균 온도가 증가하는 추세에 맞게 식중독 환자의 수도 늘어나는군요.

이런 그래프를 보고 어떤 기사를 쓸 수 있을까요?

먼저 두 그래프의 관계를 따져 봅시다. 연평균 기온이 올라감에 따라 식중독 환자가 늘어나는군요. 두 자료는 바로 '비례 관계' 네요. 온도가 올라가면 식중독 환자도 늘어나잖아요. 아마 신문 기사는 이 내용에 관해서 썼을 거예요.

한반도에 온난화가 계속됨에 따라 식중독 환자도 함께 증가할 것이라는 예상을 할 수 있다. 따라서 미래에는 현재에 비해 식중독

환자가 훨씬 많아질 것이다.

이런 기사가 난다면 사회도 아주 조금씩 변화를 준비한답니다. 식중독 환자가 증가할 전망이라는 얘기에 식중독 환자를 위한 약을 많이 개발하게 될 것이고, 음식을 조리하는 사람들은 위생에 더 관심을 쏟게 됩니다. 그리고 환경단체에서는 이런 증거 자료로 지구 온난화 예방을 위한 캠페인을 벌일 수도 있겠죠.

문제

③ 이번에는 다음 그래프를 보고 앞으로 대학 입학생 수가 어떻게 될지 예상해 보시오.

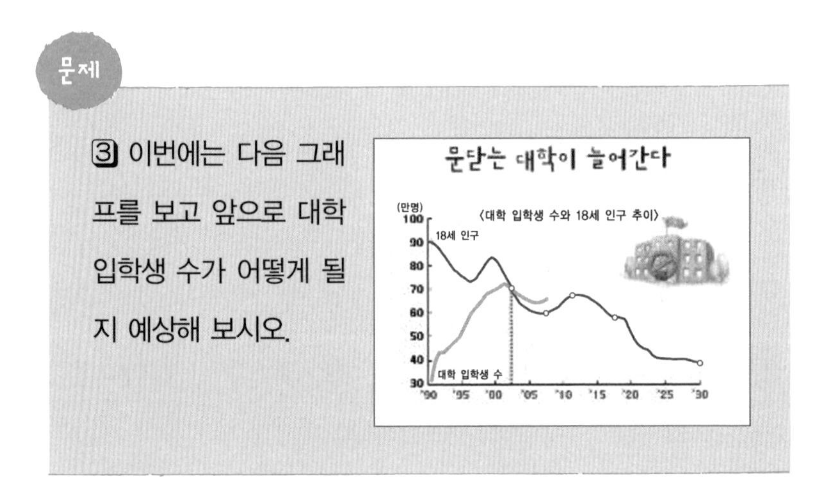

먼저, 그래프를 해석해 봐야겠네요.

진한 색 선은 18세 인구를 나타내는군요. 18세 인구는 90년 이후로 늘었다 줄었다 하지만 전반적으로는 감소하는 모양을 띠고 있군요. 아무래도 전체적인 인구가 줄어들면서 18세 인구도 줄어드는 것 같아요.

옅은 색 선은 대학 입학생 수를 나타내는 것인데요. 18세 인구와 대학생 입학생 수와는 어떤 관계가 있기에 두 그래프를 한 곳에 표현했을까요? 18세 인구가 1~2년 후에는 대학생이 되죠? 18세 인구와 대학 입학생 수는 밀접한 관계에 있네요.

좀 더 자세히 볼까요? 90년도 그래프를 읽어 봅시다. 대학 입학생 수는 적지만 18세 인구는 많군요. 이 말은 대학 들어가기 어려웠다는 것으로 해석할 수 있겠네요. 30만 명만 입학할 수 있는데 후보는 90만 명이잖아요.

90년대 이후 18세 인구는 줄어들지만 대학 입학생 수는 꾸준히 늘었네요. 왜 그럴까요? 그 이유는 그전에 대학에 못 들어갔던 사람들이 계속 누적되었기 때문에 대학교에서는 많은 학생을 받아서 교육하고 싶었기 때문이죠. 그래서 18세 인구는 줄었지만 대학 입학생 수는 늘어났던 거예요.

2002년까지는 대학 입학생 수가 18세 인구수보다 적었기 때문에 대학교는 무조건 정원 모두를 뽑을 수 있었겠네요? 그런데 2002년 이후로는 옅은 색 선대학 입학생 수이 진한 색 선18세 인구을 앞질렀군요. 이는 곧 2002년 이후로는 대학교에 자리는 많지만 들어갈 사람이 없다는 말이네요. 이제 그 이후 그래프를 예상해 봐요.

2002년 이후로도 18세 인구는 꾸준히 줄어들고 있어요. 대학 입학생 수는 어떻게 될까요? 맞아요! 대학 입학생 수도 줄어들 거예요. 그 정확한 모양이나 폭은 알 수 없지만 대학교에 들어갈 학생이 없는데 입학생 수만 무턱대고 늘릴 수는 없는 노릇이잖아요. 대학교는 교육하는 곳이지만 교수님이나 그 외에 학교에서 일하는 분들의 직장이기도 해요. 학생들의 등록금으로 월급도 주고, 캠퍼스도 관리해야 하는 거죠. 그런데 학생들이 없다면 대학교도 문 닫을 수밖에 없는 상황이 되는 거예요. 그래서 요즘 대학교들이 적극적인 대처 방법을 찾고 있답니다. 대학교끼리 통폐합을 한다거나 학과를 통합해서 대학의 규모를 줄여나가는 방법으로요.

이런 그래프를 통해서 미래를 예측하는 거예요. 두 정보 사이의 관계를 분석해 보는 거죠. A가 높아지면, B가 낮아지는지 함께 높아지는지를 분석해서 미래에 대처하는 거예요. 지금 대학들도 이 그래프의 정보를 통해서 미래에 더 멋진 대학으로 성장하기 위해 노력하고 있답니다.

조사한 자료로 정보를 만들어 낼 때 통계와 그래프는 필수가 되었어요. 그리고 많은 사람이 현재의 통계 자료를 통해 미래를 예상하지요. 미래를 예상하게 되면 미래에 닥치게 될 나쁜 일들을 미리 예방할 수도 있고, 미래 유망 산업에 적극적으로 투자할 수도 있죠.

그래프를 그리고 해석하는 것도 중요하지만, 그래프에 나타나지 않는 내용까지도 예상할 수 있어야 미래를 대비할 수 있습니다. 다양한 자료들 사이의 관계를 찾아서 하나의 결론을 만들어 내는 것은 어렵지 않아요.

이제 주변에 스쳐 지나가는 표나 그래프들을 꼭 붙잡고 해석하고 예상해 볼 거죠?

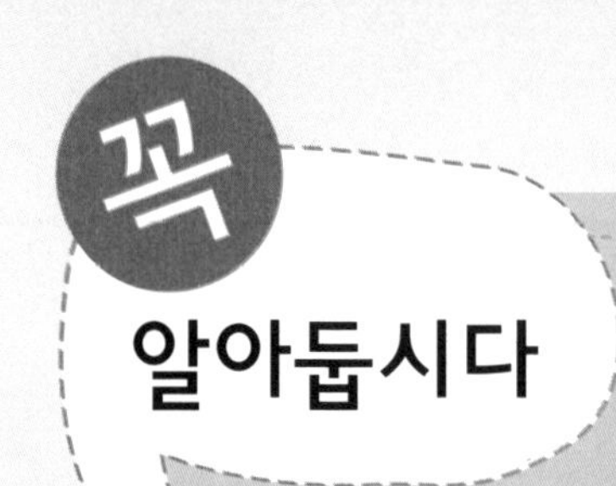

1. 그래프를 예측할 때는 그래프의 앞, 뒤에 제시된 정보를 정확히 분석하는 것이 우선입니다. 예측하는 것은 사실을 알아내는 것이 아니라 사실과 가까운 내용을 알아내는 것임을 주의해야 합니다.

2. 그래프끼리의 관계분석을 통해 새로운 정보를 만들 때는 책임감을 느끼고 바르고, 정확한 정보를 전달해야 합니다.

9 교시
거짓말하는
그래프

9교시 학습 목표

1. 그래프에서 자주 일어나는 오류의 이유를 말할 수 있습니다.
2. 그래프에서 오류를 찾고 올바로 고칠 수 있습니다.

미리 알면 좋아요

그래프에서 자주 나타나는 오류 그래프는 읽기 어렵고 복잡한 정보를 간단히 나타낸다는 장점이 있습니다. 그러나 그래프를 그리는 과정에서 아주 사소한 실수를 하더라도 그 결과는 크게 잘못될 수 있습니다. 그래프에서 자주 나타나는 오류는 계급의 간격을 잘못 설정하거나 모양에서 실수하는 것입니다. 계급의 간격을 어떻게 설정하느냐에 따라 그래프의 모양이 달라지기 때문입니다. 그래프는 눈으로 보기 때문에 모양이나 크기에 민감합니다. 그래프를 해석할 때와 그릴 때 모두 세심한 주의가 필요합니다.

9교시

① 다음 두 그래프의 차이점이 무엇입니까? 그리고 더 잘 그려진 그래프를 찾고, 그 이유에 대하여 말해 보시오.

학생들이 좋아하는 한국 음식

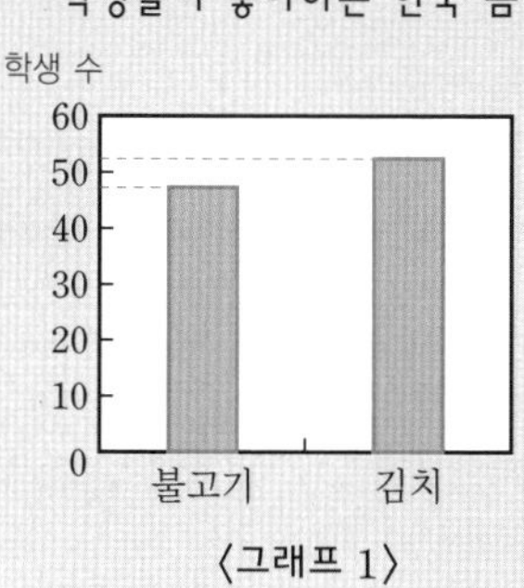

〈그래프 1〉

학생들이 좋아하는 한국 음식

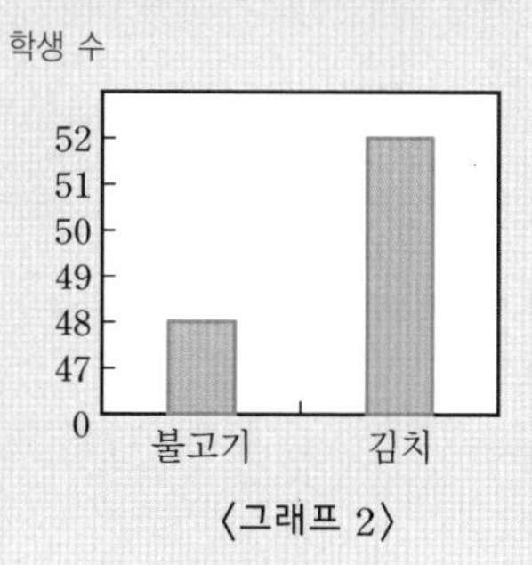

〈그래프 2〉

앞의 그래프는 똑같은 자료로 만들어진 그래프입니다. 하지만, 한눈에 보기에는 같은 정보를 담고 있다는 생각이 들진 않죠?

두 그래프의 차이점을 찾아볼까요?

가로축은 양쪽 다 똑같고요. 세로축이 다르군요. 〈그래프 1〉은 세로축 한 칸이 10명, 〈그래프 2〉는 한 칸이 1명이군요. 세로축의 간격이 다르다는 것이 앞의 두 그래프의 차이점이네요.

이제 두 그래프를 분석해 볼까요?

〈그래프 1〉을 보면 불고기와 김치를 좋아하는 학생의 차이가 별로 없어 보이네요. 하지만 〈그래프 2〉를 보면 김치를 좋아하는 학생이 불고기를 좋아하는 학생보다 3배가 많은 것으로 보여요.

사실은 무엇일까요? 정확하게 불고기와 김치를 좋아하는 학생이 각각 몇 명인지 알아봅시다.

〈그래프 2〉를 보면 쉽게 찾을 수 있네요. 불고기를 좋아하는 학생은 48명, 김치를 좋아하는 학생은 52명이네요. 어머! 4명

차이군요. 조사한 사람이 총 100명이니까 4명이라는 것은 고작 4%밖에 되지 않네요.

이제 어떤 그래프가 더 잘 그려진 그래프인지 알 수 있겠죠? 실제로 100명 중 4명의 차이라면 그 차이는 작아요. 하지만, 〈그래프 2〉처럼 나타낸다면 3배나 차이가 나는 것으로 오해할 수 있잖아요. 그래서 〈그래프 1〉이 더 잘 그려졌어요. 실제로도 차이가 작고, 그래프에 나타나기에도 차이가 작잖아요. 한눈에 보기에도 사실대로 알 수 있도록 정확히 그려야죠. 그래프는 정보를 보기 쉽게 그림으로 나타내기 때문에 그 그림이 전달하려는 정보를 잘 나타내게끔 그리는 것이 중요하죠.

우리 주변에 많은 통계 자료가 그래프로 나타나 있어요. 그래프는 눈으로 쉽게 확인할 수 있는 장점이 있는 대신 대충 보게 되기도 쉬워요. 가로축과 세로축의 간격이 제대로 설정되어 있는지, 최신자료를 담고 있는지, 서로 관련 있는 자료들을 제시했는지 등 주의해서 봐야 할 것들이 아주 많답니다. 그래프로 나타내는 도중에 실수로 간격을 잘못 설정하면 실제로 표현하고자 했던 결과와 반대가 될지도 모른다고요.

그리고 대부분의 사람들이 그래프가 철저한 통계 자료를 통해 만들어졌다고 생각하여 그래프 내용을 쉽게 받아들이는 점을 이용하는 사람이 있습니다. 자신에게 유리한 방향으로 그래프를 그리거든요. 받아들이는 우리가 예리한 눈으로 왜곡된 부분이 없는지 확인해야 합니다.

앞의 두 그래프처럼 간격이 잘못 설정되어서 결과가 왜곡되는 경우 외에도 많은 실수가 있는 그래프가 있답니다.

아래 두 그래프를 한번 볼까요?

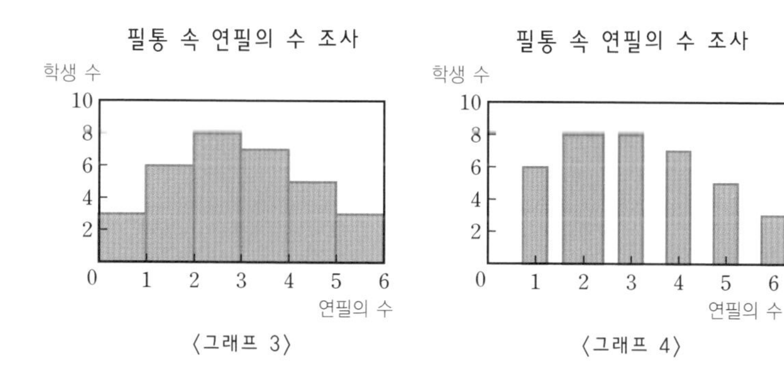

〈그래프 3〉 〈그래프 4〉

위의 두 그래프는 모두 학생들의 필통 속에 들어있는 연필 수를 조사한 것이네요. 가로, 세로축은 모두 같군요. 가로축은 연필의 수이고, 세로축은 학생수입니다.

차이점은 무엇인가요?

막대에 차이가 있어요. 〈그래프 3〉은 막대끼리 서로 붙어 있고 굵기도 굵군요. 이에 비해 〈그래프 4〉는 막대끼리 떨어져 있고, 막대의 굵기도 얇아요. 어떤 그래프가 잘못 그려진 것일까요?

먼저, 〈그래프 3〉의 제일 처음 막대를 볼까요?

가로축을 보면 0～1, 1～2, 2～3, … 순으로 칸이 나누어져 있군요. 어! 무언가 이상한데요? 연필이 만약에 2자루이면 어느 막대로 읽어야 할까요?

또한 〈그래프 3〉을 보면 1.5자루의 연필을 가진 학생이 6명인 것처럼 보이네요. 연필을 1.5자루 가지는 학생도 있나요? 연필은 1, 2, 3개로 딱 떨어지잖아요. 〈그래프 3〉은 막대가 잘못 그려졌군요. 연필의 수와 같이 딱 떨어지는 값들은 〈그래프 3〉과 같이 나타내면 안 돼요. 〈그래프 4〉와 같이 막대끼리 떨어져 있어야 오해하지 않는답니다.

〈그래프 3〉은 범위가 있을 때 사용하는 것이 좋죠. 예를 들어, '온도가 18～20℃인 날이 3일이다' 와 같은 경우죠.

〈그래프 4〉는 막대가 떨어져 있어서 오해하진 않겠네요. 하지만, 〈그래프 4〉도 잘못된 점이 하나 있어요. 무엇일까요?

막대의 굵기예요. 2자루일 때의 막대가 나머지 막대보다 굵죠? 2자루, 3자루를 가진 학생들이 각각 8명으로 같지만, 막대의 굵기가 차이 나서 2자루를 가진 학생들이 더 많은 것처럼 보이잖아요. 그래프는 시각에 가장 민감한데 이렇게 표현하면 오해하기 딱 좋다고요.

문제

2 다음은 은실이가 조사한 자료를 통해 그래프를 그리고 그것을 통해 알게 된 내용을 쓴 것입니다. 어떤 부분이 잘못 되었는지 찾아 보시오.

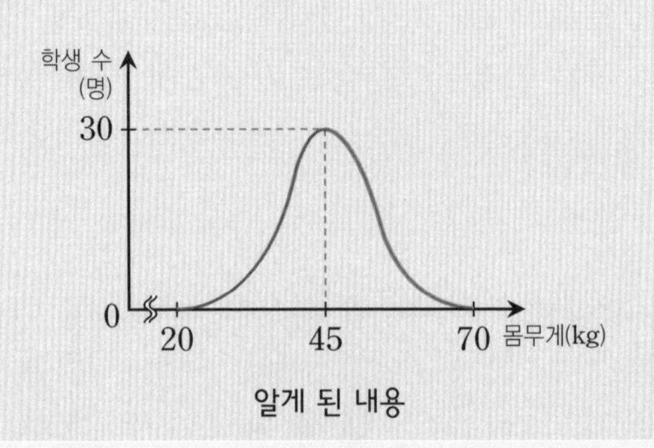

알게 된 내용

(1) 영차초등학교 6학년 중에서 45kg의 몸무게를 가진 학생들이 가장 많다.

(2) 이 그래프로 보아, 영차초등학교 6학년 학생들의 몸무게는 정상적이지 않다.

(3) 영차초등학교 6학년 학생들은 비만이 많을 것이다.

은실이는 영차초등학교 6학년 학생들의 몸무게를 조사해서 그래프로 나타내었습니다. 먼저 가로, 세로축을 볼까요? 가로축을 몸무게kg라고 정하고, 세로축을 학생 수명로 잡았군요. 이 부분은 잘 설정한 것 같습니다. 몸무게는 20kg~70kg까지 학생 수는 0명~30명까지, 이 부분도 잘했네요.

그러면 그래프는 잘 그렸지만, 해석할 때 틀린 부분이 있나 봐요. (1)번부터 차근차근 살펴볼까요?

(1) 영차초등학교 6학년 중에서 45kg의 몸무게를 가진 학생들이 가장 많다.

이 그래프는 우리가 이전에 배운 정규분포곡선과 비슷한 종 모양이군요. 하지만 정규분포곡선은 아니네요. 왜냐하면, 정규분포곡선은 평균을 중심으로 양쪽이 대칭이어야 하는데 이 그래프는 그렇지 않잖아요. 그냥 분포곡선의 한 종류입니다.

(1)번 설명에서 45kg이 가장 많다고 했죠? 그래프를 보면 가장 높은 점의 x값이 45kg이군요. (1)번 설명은 맞아요. 그럼 (2)번으로 넘어갈까요?

(2) 이 그래프로 보아, 영차초등학교 6학년 학생들의 몸무게는 정상적이지 않다.

이 설명은 어떠한가요? 아마 은실이가 정규분포곡선의 모양과 비교한 것 같네요. 그래서 정규분포곡선이 정상적인 분포를 나타내므로, 정규분포곡선과 다른 모양인 이 그래프를 보고 정상이 아니라고 판단한 것 같아요. 여러분 생각은 어떤가요?

정규분포는 많은 사람을 대상으로 조사할 때 나타날 확률이 높답니다. 하지만, 이 그래프는 고작 영차초등학교 6학년 학생을 대상으로 한 것이죠? 그러니까 정상분포곡선이 나오지 않을 수도 있죠. 그래프의 모양만을 보고 '정상이다', '정상이 아니다'를 판단할 수는 없어요. 더 많은 근거가 있어야 하죠. 은실이가 급했던 모양이에요.

(3) 영차초등학교 6학년 학생들은 비만이 많을 것이다.

아마, 은실이가 오른쪽으로 치우친 그래프의 모양을 보고 이런 생각을 한 것 같군요.

여러분! 키가 180cm인 어른이 70kg인 것과, 키가 150인 아이가 70kg인 것은 같지 않죠? 몸무게가 70kg이라고 모두 비만인 것은 아니잖아요. 비만이란 것은 키와 몸무게를 함께 알아야 판단할 수 있어요. 지금 은실이는 몸무게만을 조사한 것이기 때문에 비만이 많을 것이라고 예상한 것은 잘못되었다고요.

자~! 여러분, 이제 그래프를 통한 정보의 참과 거짓도 구별할 수 있겠어요? 자칫하면 우리도 깜박하고 속을 수 있는 것이 그래프예요. 편리하면서도 함정이 있죠.

그래프를 그릴 때 최대한 사실을 정확히 표현하도록 노력한다면 그래프의 장점을 잘 살릴 수 있어요. 미래에는 수많은 자료 속에서 필요한 자료들을 뽑아서 사용해야 해요. 그리고 시간을 절약하기 위해서 뽑은 자료들을 이해하기 쉽게 그래프로 그리면 좋죠. 그래프를 정확하게 그리고, 정확하게 읽는 능력을 키웁시다.

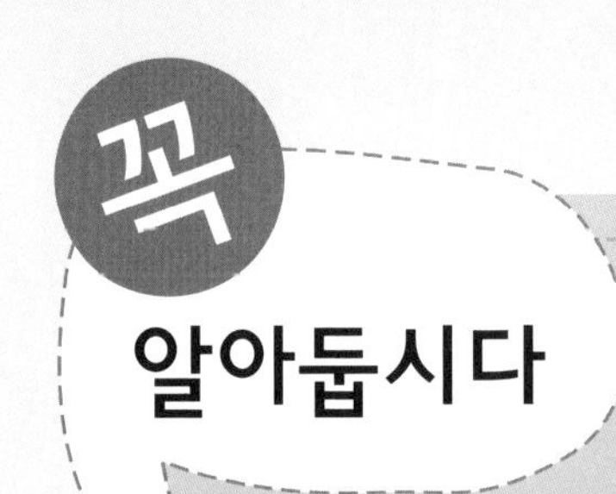

1. 그래프를 해석할 때는 우선 눈으로 그 모양이나 크기를 보고 판단합니다. 그런 다음 더 구체적으로 각 축과 자료들이 그래프의 모양이나 크기에 어울리는지를 판단합니다. 따라서 정확한 정보를 눈에 띄도록 그리는 것이 중요합니다.

2. 그래프는 시각에 민감하므로 그래프를 그릴 때 모양, 크기, 색깔 등을 잘 고려하여 정확한 정보를 전달하도록 해야 합니다.

3. 그래프를 읽을 때는 자료의 표현이 잘못된 곳은 없는지 너무 과장되거나 축소되어 나타나지 않았는지 따져 보아야 합니다.